图书 影视

财富的底层逻辑

周路平
著

四川文艺出版社

图书在版编目（CIP）数据

财富的底层逻辑 / 周路平著. -- 成都 : 四川文艺出版社，2024.1
ISBN 978-7-5411-6813-0

Ⅰ. ①财… Ⅱ. ①周… Ⅲ. ①家庭财产－财务管理
Ⅳ. ①TS976.15

中国国家版本馆CIP数据核字（2023）第227143号

CAIFU DE DICENG LUOJI
财富的底层逻辑
周路平 著

出 品 人 谭清洁
出版统筹 刘运东
特约监制 王兰颖 李瑞玲
责任编辑 李小敏
选题策划 王兰颖
特约编辑 张贺年 陈思宇
营销统筹 张 静 田厚今
封面设计 主语设计
责任校对 段 敏

出版发行 四川文艺出版社（成都市锦江区三色路238号）
网 址 www.scwys.com
电 话 010-85526620

印 刷 北京永顺兴望印刷厂
成品尺寸 145mm×210mm 开 本 32开
印 张 7 字 数 175千字
版 次 2024年1月第一版 印 次 2024年1月第一次印刷
书 号 ISBN 978-7-5411-6813-0
定 价 42.00元

目　录

第三章　走出思维的误区

第四章　创造财富经典六条法则

第五章　获取财富的智慧

第六章　和财富焦虑说No

第七章 财富是幸福的管道

第一章

和财富息息相关的那些事

一、财富的本质（金钱与财富）

有句古话："良田千顷不过一日三餐，广厦万间只睡卧榻三尺。"大概意思为，拥有千顷良田，我们也只吃一日三餐，拥有万间大厦，我们也只能睡三尺床榻。由此教导我们，拥有太多物质财富不过是自寻烦恼罢了。这便是我们从小接受的财富教育，知足常乐、切勿贪婪。不能说这种财富教育观念不对，但我们必须要学会辩证看待。毕竟即将迈入的数字时代与几千年前的封建社会相比，无论是政治制度还是经济体制，都有了天翻地覆的变化。

正所谓因时制宜，一个时代一种思维方式，新的时代也需要新的认知和新的财富思维。那么，在阅读本书掌握新时代财富的底层逻辑之前，我们先来解答第一个问题，也就是财富到底是什么？只有知其然，知其所以然，才能实现财富自由。

金钱不等于财富

什么是货币？

货币（Currency），是为了提高交易效率而用于交换的中介商品。在普通人眼中，货币就是金钱，金钱也就是货币，所以金银、铜钱、纸币、电子货币、虚拟货币都是金钱。但实际上呢，货币并不仅限于金钱，它可以是世界上公认的任何有价值的东西。

换句话说，货币之所以有价值，是因为我们觉得它有价值。它的价值，是由社会中的人类所赋予的，是通过它所能交换的物品来验证的。从史前文明的以物换物，到古代的金属货币、近代的纸钞，再到现代文明的电子货币、虚拟货币，追根溯源，我们从货币的演变史中便可以看出，货币本身并没有价值，其价值本质来源于它背后的购买力，即商品。

什么是财富？

《史记·太史公自序》有云：“布衣匹夫之人，不害于政，不妨百姓，取与以时而息财富。”财富，从经济学的角度来定义，指的是商品按照市场价值计算后的所得，这也是比较狭义的一种定义。而如果从广义范围来解释，财富指一切具有价值的东西。它除了货币所代表的物质财富外，还涵盖了自然财富、精神财富、社会财富等多个维度，比如我们此时正在讨论的财富逻辑，其实就属于精神财富。

货币与财富

如果你认为货币是财富，便会陷入大多数人的误区，马不停蹄地赚钱。而实际上，虽然货币能购买市场上的所有商品，但一旦市场崩溃没有了商品，货币就立刻失去了价值，但财富却并不会。

举个例子，第一次世界大战后，德国因战败需要向协约国支付大量赔款，使得本就因战争不富裕的国家，陷入了更大的经济危机，通货膨胀一触即发。1923 年，在柏林买一个面包需要一万亿马克，形成了“钱不值钱”的局面。当时正值冬天，德国人民也不花钱买柴了，直接烧钱，成堆成堆的马克被扔进暖炉里，甚至连德国的小朋友，也不花钱买玩具了，而是用马克搭积木玩。

如果货币等于财富，那在德国这种情况下，不应该货币越多代表财富越多吗？但我们都知道，并不是那么一回事。在当时的德国，货币保持不变，但市场上能买到的商品却越来越少。由于商品稀缺，德国人宁可将手中的马克换成与面额并不匹配的商品，也不愿意留着贬值越来越快的货币本身。

想象一下，你现在手里有一亿元，但被困在荒无人烟的沙漠中，这样你应该很容易理解货币不等于财富的概念了。此时此刻，食物和水才是你的财富，而一亿元连废纸都不是。

总结来说，货币本身没有价值，有价值的其实是货币背后的商品，货币也不等于财富。

追求财富，而不是金钱

搞清楚货币和财富的关系后，我们再来看什么是财富。

马克思说，劳动创造财富。对于穷人来说，是通过出卖自己的时间和劳动力来获取财富；而富人，则是依靠财富获取财富。随便举几个例子，投资理财带来的钱生钱，完成物质财富积累；持续学习带来的认知变现，完成精神财富积累通过前两者叠加后形成的社会财富积累，人脉便是最典型的一种。

对于财富，很多人都有不同的定义。在我的概念里，财富意味着资源。财富的本质，便是对有限资源的掌控。这种资源包括但不限于金钱、商品、教育、美貌、健康、自由等等。

我去年读了一本书，叫《出身：不平等的选拔与精英的自我复制》，讨论的是美国富人阶层如何让孩子传承自己的财富——教育。美国富人育儿和我们不相上下，都是“直升机式育儿”，即给孩子最好的一切：最好的补习班、最好的素质教育，最终得以进入最好的大学，成为万里挑一的社会精英。

教育其实是体现“财富就是对资源的掌控”的最好案例。所谓的名校，本身就是资源的一种集合。如果你上哈佛大学，你的毕业典礼会有扎克伯格演讲；如果你上常青藤名校，奥巴马会去学校做讲座分享。这些资源并没有明确的价格，但却有一道隐形的门槛，将富人与穷人隔开，这道门槛便是财富。

大家还记得谷爱凌吗？谷爱凌从小住在美国，假期在中国海淀黄庄参加补习班，上的是美国私校，学习的是上流运动滑雪，最终被美国斯坦福大学录取。谷爱凌有天赋固然厉害，但父母有这样的眼界也不容易，这便是天赋与财富的最佳结合。

克里斯·洛克说：“财富从来不是有很多钱，而是有很多选择。”当你拥有财富时，你便掌握了资源。当你掌握了资源，你便可以随心选择。假如你喜欢写作，能很快学习到关于写作的知识，也能联系到行业内最好的编辑和出版社，帮助你把作品推向市场。

从日常生活来看，一个穷人和一个富人都想吃水果，穷人只有十块钱，只能选择一次，选了香蕉就不能买苹果和葡萄；但富人，他有很多钱，可以选择很多次，如果买了香蕉发现不喜欢，还可以再买苹果和葡萄，再不行把水果店都买下也可以。

我们还可以看看著名的企业家，比如比尔·盖茨，他多有钱不必多说了，但他直到今天也仍然在非常努力、勤奋地工作，为什么？原因当然我无法向他本人确认，但我能确定的是富有的比尔·盖茨和贫穷的比尔·盖茨，即使干着同一份工作，他的心态也是完全不同的。前几年很流行一个词，叫“FUCK YOU MONEY”，可以理解为任性裸辞的自由。我们看似都在兢兢业业地工作，但比尔·盖茨想甩人就甩人，我们却不行。哪怕工作压榨我们千千万万遍，我们仍然甘之如饴。而这其中的区别，便在于财富。

比尔·盖茨现在还在工作，是因为他想工作。他已经拥有足够的钱和时间，能在他喜欢的时间做他喜欢做的事情。因为他拥有财富，而不是金钱。像比尔·盖茨这样的富人还有很多，例如2018年5月10日，90岁的李嘉诚宣布退休，但他也表示退休后会继续上班，只是工作内容有所调整。

从表面上看，穷人和富人都在吃水果，你和比尔·盖茨都在上班，但选择时的状态是完全不一样的。穷人孤注一掷，生怕选错，而富人则闲庭信步，一一挑选。

所以，财富是对有限资源的掌控。掌控的资源越多，拥有的选择也会越多，我们也会越自由，有时间、有精力、有胆量去做自己热爱的事情。

既然知道了财富是什么，那我们便要思考自己追求的到底是金钱还是财富了。快速赚钱的方法有很多，勤勉、善思，总会踩中时代的某项红利。但拥有财富却没有那么容易，它最难的在于掌握财富的底层逻辑。当然了，一旦你掌握了财富的逻辑与思维，收获金钱是水到渠成的事情，同时，你也会拥有一套新的看待这个世界的思维逻辑。

在这个消费主义肆虐的时代，很多人都这样想过："钱这个东西，只有花出去的才是自己的，不花出去的，就只是个数字，没有任何价值。"所以稍微赚点钱，第一反应就是疯狂消费。这便是对财富的认知出现了错误。

而对于绝大多数人来说，拥有的资源无非是自己（脑力、体力）好不容易挣来的钱，便是通过资源交换来的。要想实现财富自由，便要提升自己的资源价值。在信息社会，脑力的稀缺远大于体力，所以提升认知，才是追逐财富最高效的方式。

这也是这本《财富的底层逻辑》的价值与意义所在，让普通人打破对于财富的懵懂与误解，建立真正的财富认知，朝着自己的财富自由勇敢迈进！

最后，回到本章开头，“良田千顷不过一日三餐，广厦万间只睡卧榻三尺”，实际上没有一个富人因为“赚到了足够的钱”就停下追逐财富的脚步。因为金钱不等于财富，除了一日三餐、卧榻三尺，我们还需要更多金钱买不到，只有通过财富才可以获得的东西。

二、财富是流动的能量

在开始本节之前，先问问自己这几个问题：

只要努力就能赚到钱？

有钱人都是邪恶的？

男人有钱就会变坏，女人变坏就会有钱？

比起给自己花钱，给别人花钱似乎更容易？

借钱是一件羞耻的事情？

对别人开口要钱也是一件羞耻的事情？

我这种人怎么会赚到钱？

嘴里说着想暴富，但其实从来不相信自己能赚到钱？

我不配拥有那么多钱？

……

认真思考下以上这些问题，一定要在心中诚实地回答自己。人可以骗所有人，但唯独不能，也没有必要骗自己。诚实地面对自己对于金钱的真实看法，是走向财富的第一步。

前一阵子，在年轻人的朋友圈里刮起了一阵“金钱豹”风，换头像、换昵称、换个性签名，都希望自己能“金钱爆满”“金钱暴富”。而像这样的“暴富文化”每隔一段时间便会重新兴起一次——“你可以骗我的人，但你不可以骗我的钱”。在津津有味地讨论这些流行词时，你是否又曾深入思考过，这些文化代表着什么？难道就代表着这代年轻人的眼里只有钱吗？

当人们讨论财富的时候，到底在讨论什么？

当人们期待财富的时候，到底在期待什么？

当人们追逐财富的时候，又到底会收获什么？

有天赋、有才华就一定会拥有财富吗？勤上进、能吃苦，就一定会吸引金钱吗？未必。这些是拥有财富的充分条件，却不是必要条件。这些外在的因素会影响你是否拥有财富，但却不会决定你是一个穷人还是一个富人。真正做决定的关键因子，在于你对金钱的能量。

天才爱因斯坦曾说："世间万物，皆是能量。"说实话，金钱也不例外。能量一词放在金钱世界里，似乎有几分玄乎，像是摸着水晶球在施展魔法，但实际上，它只是一种形象的说法。换个角度来说，所谓你对金钱的能量，也就是你内心对于金钱、对于财富的限制性信念，即真实想法。

你可能想作者我在胡说八道，你对金钱的真实想法就一个，就是越多越好。但真未必如此，所谓真实想法，就是你的潜意识想法，你此刻未知的想法。

举个例子，小时候一个男生越喜欢一个女生，就越想欺负她。虽然大人能一眼看明白他喜欢她，但在小男孩看来，他的真实想法就是想欺负这个女孩，就是不喜欢她。他真实的喜欢的想法，被周围的环境——或许是朋友的嘲笑，或许是别扭的性格，隐藏起来了。

将这个例子迁移到金钱世界中，也是一样的道理。你以为你"爱钱如命"，但其实你和那个小男孩一样，潜意识里反而"视钱如粪土"。不过不要着急，本节的核心，就是帮助你探索你对金钱的真实想法。

前几年很流行“原生家庭”的说法，性格的养成、对恋人的态度都与小时候与父母的关系有关，靠着这个概念很多心理类的公众号写了一篇又一篇“十万+”。但我倒是很少看到有人将金钱观念与原生家庭联系起来，难道一个人对于金钱的态度，与父母没有关系吗?

从我身边的朋友来看，如果父母是做生意的，孩子对金钱就会格外敏感，也会较早开始自己的财富规划，投资基金、炒股等概率也比较高；而如果父母是公务员、老师、农民，孩子相应对钱的概念也比较弱，会认为“钱嘛，够花就行”，很少会对钱本身产生兴趣。

前几天就有个朋友来咨询我说：“我觉得最近毫无动力，和别人合作的创业项目遇到挫折，想赚钱却提不起劲。我觉得我也不比别人差啊，但总是做不出成绩，是不是我命中缺财啊?跟钱没有缘分?”

我当时听完哈哈大笑，后来跟他聊了一番后，很快就发现了问题所在。我这位朋友在他六岁时，有一次和小伙伴在一起玩，看到了一个卖雪糕的老爷爷。小伙伴们都掏出零花钱来买，他也买了，但回家后爸爸知道了，把他臭骂了一顿，说他乱买东西。还有一次，是在他十岁时，妈妈下班回来晚了，他很饿就从抽屉里拿了几块钱去买零食。妈妈回来发现钱不对，问是不是他拿走的，他不敢承认，便被父母打了一顿。从那以后，他对钱产生了又爱又恨的情感——爱它是需要它，恨它则是害怕，害怕自己又花错了钱、买错了东西，被人责骂。

你现在回忆自己小时候的经历，是不是也和我这位朋友一样，曾经因为乱花钱被父母批评过、教育过?

潜意识藏在人内心最深层，除非我们主动去挖掘、去剖析，否则我们将会一直被不明不白地控制、主宰。每一种潜意识的出现也都是有原因的，有时候是原生家庭，来源于父母；有时候是所受的教育，来源于学校；有时候则是社会文化，来源于朋友……然而不管这些原因是什么，当时形成的那个观念，已经不适应你现在的生活了。你要做的，就是挖掘这些原因，一一解决掉。在这个过程中，切记这些潜意识没有对与错，千万不要去评判自己。

《有钱人和你想的不一样》的作者哈维·艾克曾说过这么一句话："我们看得见的东西，来自我们看不见的东西。那是什么意思呢？意思是，如果你想改变果实，你首先必须改变它的根；如果你想改变看得见的东西，你必须先改变看不见的东西。"

所以，要想实现财富自由，首先搞清楚你对金钱的真实想法。

2 个常见的对于金钱的误解：

第一，金钱是万恶之源

在我们的传统文化中，经常会出现"君子固穷""一箪食，一瓢饮，在陋巷，人不堪其忧，回也不改其乐。贤哉回也！"的说法，似乎要当一个坦坦荡荡的君子，你就不能有太多钱。

想拥有财富，想赚钱，不想当穷人，首先就要摆脱这个观念。金钱本身无罪，对金钱的无尽贪欲才是万恶之源。

就像明代著名商人王现说过的一段话："夫商与士，异术而同心。故善商者，处财货之场，而修高明之行。是故虽利而不污，故利以义制，名以清修，天之鉴也。"

金钱没有好坏，它只是一股在宇宙间流动和震荡着的能量。你可以用它救济天下，你也可以利用它满足欲望，这些取决于你，并不取决于金钱。我在参加一次财富论坛时，有个教授说，大部分人在对待金钱的态度上，要么唯利是图、锱铢必较，要么故作清高、清贫度日，很少有人能与金钱和谐相处，让金钱成为自己的工具，而不是自己的主人。

从论坛回来后，我对这些话思考了很久。我身边的朋友大多不外乎那两类，很少有人能站在中央，不为富所累，也不为穷所困。但很少有人能做到，并不代表人做不到。在阅读本书的各位，我觉得努努力是可以做到的。

请记得，财富只是价值的变现。你创造的价值越大，就会赚更多钱，这些钱从而会逐渐形成你的财富。

你可以试着把金钱想成一个人，一个有生命的人。这个人和我们一样，喜欢与尊重它、喜爱它的人在一起。如果你不尊重它，甚至轻视它、蔑视它，那它也不需要留在你的身边。

第二，我不可能 / 不配拥有很多钱

在心理学上有一个概念，叫作“配得感”，英文是“deservingness”。什么意思呢，就是一个人是否相信自己应该得到某种东西。

简单解释下，你是不是在听到别人夸你的时候，特别不好意思，甚至浑身不自在，觉得自己明明这么菜，对方肯定是出于虚假的社交礼仪才夸自己的，这就是由“配得感”所得来的“不配得感”。

“我这么普通，怎么可能是女神？”

“我这么笨，怎么可能是学霸？”

“我这样的人，怎么可能晋升？怎么可能成功？怎么可能赚到钱？”

你一定在某时某刻产生过这样的想法吧！

心理学上在解释“不配得感”时，最经常的解释便是“低自尊”“自卑”等等。这样解释当然没什么问题，但我觉得可以从另外一个角度来看这件事情。只要是人，就一定会自卑，只要自卑，就会有低自尊的时刻，但并不是每个人都有“不配得感”，这说明并不是一定要变得自信强大，才能解决这个问题。

说白了，“不配得感”只是我们在面对外界时的一种应对方式而已，我们只要愿意勇敢承认自己存在这样的想法，便已经很了不起了。接下来要做的，只是不断地练习，尝试在别人夸奖的时候不拒绝，在有晋升机会的时候勇敢抓住，在赚到钱的时候疯狂夸赞自己……就这样以一次一次的正向练习，抵消掉过往一次一次的负面想法，最后顺其自然地成为一个不那么有“不配得感”的人。

其实心理学上的“不配得感”与过往的经历、父母的教育等很多因素有关，说起来能单写一篇了，所以在这里我就不展开了。在第六章的时候，我们再一起继续探讨。

不管你愿不愿意承认，我们终其一生都离不开钱。与金钱建立良好的关系，就像与同床共枕的恋人建立良好的关系一样重要。而在探索与金钱的关系时，必然要先建立认知，正确认识金钱、正确认识财富，它们的能量才会一直陪伴着你，助力你在人生的途中乘风破浪。

所以，在接下来阅读本书的时候，可以试着将自己的观念调整成：

金钱是价值的体现；

成为有钱人并没有想象中那么难；

赚钱体现了我的价值，我非常喜欢赚钱；

君子爱财，取之有道；

我很优秀，所以我值得拥有很多钱；

……

希望有一天，你可以“不为富所累，也不为穷所困”，与金钱建立平衡的关系；希望有一天，你可以理直气壮地拥有那些，你本来就“配得上”的东西！

最后，在本节留给大家一个小练习：

请不假思索地、诚实地写出三个你对于金钱的想法，再慢慢思考，自己为什么会产生这样的想法。

三、财富促进社会发展

不知道大家有没有想过、思考过这样一个问题，我们现代社会从何而来？熟读史书的朋友可能不假思索地回答，从流血的历史中发展而来。不错，但仅仅只有这一个答案吗？

华东师范大学世界政治研究中心研究员张笑宇，在他的《商贸与文明》一书中提出一个观点，叫“金钱是人类进步的阶梯”。我非常认可。在我看来，人类现代社会的发展故事，由两条线交织而成，一条是史学中记录最多的战争，一条则是隐匿于战争后的贸易。

就从货币的发展历史来看，从远古的贝壳，到古代的金子、银子、铜钱，到近代的纸币，再到现代的数字货币，货币的变迁代表着历史，记录着社会发展，讲述着人类文明。

“天下熙熙，皆为利来；天下攘攘，皆为利往。”这条来源于《史记·货殖列传》的古语，写透了世俗真相。从古至今，财富是很多人穷其一生追逐的目标。渴望财富、追求财富、创造财富、拥有财富、享受财富是人的本性，也是人类社会发展进步的不竭动力。一个人的美好生活离不开金钱，一个社会的繁荣发展也同样离不开财富。

财富加快经济发展

我在对外讲课时，很喜欢讲这么一个故事：

我们家乡前几年搞民宿经济，我表姐也开了一个。有一天晚上民宿来了一个外地游客，客人想在这里住一晚上，便来咨询价格。我表姐就热情回答，说住一晚上住宿费150元，还需要押金100元。客人觉得价格公道，立刻就交了钱准备入住。事情本来到这里就结束了，但没多久客人又来了，说他今天晚上不住这里了，刚才有个老朋友打电话说可以招待他，既能叙旧还能省钱，于是就来看看民宿能不能退钱。

我表姐虽然有点不高兴，但也不是不讲理的人，勉勉强强同意了，就说，住宿费我现在可以退给你，但押金按照规定明天下午退房时我才能退你。客人见能退钱就高兴得不得了，也就爽快答应了。前面铺垫得有点长，大家别瞌睡，接下来就是这个故事的重点了。我表姐想起欠了热水供应商100块，就用这100块赶紧去还了。供应商拿到这100块，就又去还了饭店老板的饭钱。饭店老板又用这100块去还了朋友的钱，朋友又用这100块还了菜市场老板买菜的钱。菜市场老板的女儿前几天在民宿住了一晚上，还没有付钱，于是这100块最终又回到了我表姐的手上。

第二天下午，客人如约而至，来拿回自己的100块押金，然后满意离开。从昨天到今天，100块还是100块，但这100块经过一晚上的流通，让我表姐的民宿有了热水、让供应商吃了饭、让饭店老板解决了急事、让朋友买到了菜、让菜市场老板的女儿享受到了民宿。在这小小100块的带领下，一个经济市场就这么形成了，每个人都得到了自己想要的，社会的资源也都得到了合理的配置。

古代社会是通过暴力获取资源，而现代社会则是通过约束暴力来推动进步。金钱有很多坏处，但它也有很多好处。金钱缩短了距离，即使你在中国我在美国，我们仍然可以做生意，共同赚钱；金钱提升了效率，一头羊 100 块钱，总比一头羊该换多少鸡蛋、鸡蛋又能去换多少大米，听起来效率高多了；金钱让我们摆脱了私人关系的限制，即使我没有背景，但只要能凭借才华和能力赚到钱，就有了选择的自由；金钱还让我们更文明，我们不必像动物一样通过暴力的掠夺得到某些东西，而是可以通过金钱轻而易举地购买日本的电饭锅。

货币是经济的象征，货币的流动带来财富，而财富最终形成经济的繁荣。

财富促进社会进步

金钱是不是万恶之源我不知道，但我非常确定金钱是万能的背锅侠。就像是娱乐圈明星的粉丝们，不管哪里出了问题，只要骂资本、骂钱，那绝对没人反对，甚至还能团结路人，一齐开炮。

为什么呢？难道金钱就这么不堪吗？

让我们往身边看看，动物世界里没有金钱，但动物也是弱肉强食，过得并不和平呀。让我们再回头看看，在没有金钱的蛮荒时代，不同部落之间为了地盘和食物打得头破血流，也问题不少啊。

那为什么会有“金钱是万恶之源”这句话呢？是因为金钱，人才产生了欲望吗？当然不是。

我们的欲望一直存在，对美食的欲望、对美色的欲望、对权力的欲望……欲望是人类的本性，是刻在人类基因里的东西，怎么会因为有没有钱而发生变化？只是随着货币出现，随着现代经济的繁荣，人们忽然发现上面所提到的欲望都可以通过金钱来实现，所以金钱成了一个集所有欲望于一体的东西，成了人人喊打的背锅侠。

在这里也想跟大家聊一下，在听到很多看似“真理”的金句时，保持清醒和理智的态度，去多问一句，为什么？真理经得起无数句“为什么”的验证，但伪真理往往只需要一句便原形毕露。在这个信息爆炸的时代，千万别被伪真理装满了脑子，不然这辈子可真与财富无缘了。

伟大的经济学家哈耶克说：“金钱是人类发明的最伟大的实现自由的工具之一。在当今的社会中，只有金钱向所有人开放了一个惊人的选择范围。”这句话后来又有了一个接地气的金句版本，金钱向所有人开放，而权力不会。

韩国盛产韩剧、日本擅长漫画，而我们国家的宫斗剧则独树一帜。在看宫斗剧的时候，我们最大的发现就是权力之下人的三六九等，就连衣服颜色都有严格的限制，皇帝、妃嫔、朝臣统统不一样。有些年轻人老想一夜穿越回古代，但要是真穿回古代了，保准一天就会毙命，因为这种权力下的限制实在是太多了。

与权力相比，金钱就接地气多了。只要在市场上流通的商品，谁也不敢规定说你必须是贵族才能买，只要你能付得起商品的市场价格，你就能立刻把它带走。

马克·史库森在他的《经济逻辑》中说，金钱带给无数普通人的，是以往从没有过的自由。当然卢梭又说了，人生而自由，又无往不在枷锁之中。金钱对社会发展有利有弊，但换句话说，金钱在人类社会的发展中产生了，那必然是社会的发展需要金钱。而且，自从金钱诞生后，它一直是社会发展中最重要的东西之一。在它的带领下，我们建立一个“以钱论道”的通用世界，在这个世界里，不分语言、不分国籍、不分肤色，也不分美丑、强弱，唯一区分的就是价值。而这或许是存在众多歧视与不公平的世界中，最接近公平的一个了。

除了创造了无限逼近公平的社会环境，金钱还提供了社会发展的动力。假想一下，如果我们现在都心如止水、没有欲望，或者说社会禁止追求财富，人人每天吃饱饭就睡觉，睡觉起来就吃饱饭，那么社会如何进步？当然虽然现在很多年轻人喊着“躺平”，但其实年轻人要的并不是真躺平，而是以躺平的姿态反抗。人是没有办法放下欲望的，不然为什么几千年来得道高僧也就那么寥寥几个呢？

财富汇集了人类的欲望，也汇集了人类的聪明才智，我们因为财富干事创业，我们因为财富奔波努力，我们因为财富而共同创造了一个更加美好的世界。

财富促进文化繁荣

看到这个小标题，你的第一反应肯定是，作者为了夸财富是不是疯了？明明文化和财富就是对立面！那些有钱人动不动就腐蚀我们的文化，怎么好意思说促进文化繁荣！

别急别急！听我慢慢道来。

这个观点不是我凭空捏造出来的，是我去年在读一本书的时候了解的。这本书叫作《货币简史》，书里说了这么一个有意思的事情：现存于世界上的主要宗教和哲学思想，都源于铸币术发明的时代，即公元前 7 世纪到 4 世纪。

是不是有点意思？继续往下看。

原因很简单，是因为货币的出现促进了商品的流通，也就是第一点经济繁荣起来了，再接着货币让财富有了标准的衡量尺度，人类的攀比心理、欲望都被调动起来了，第二点社会发展起来了。人有钱了，吃饱了，喝足了，才有心情搞风花雪月。而且围绕财富让人也产生了诸多汹涌澎湃的感情。众所周知，情感是文化的第一生产力。有些话不吐不快，有些故事不写不平。虽然钱挣不到，但我买支笔就能把有钱人骂个狗血淋头！

于是，综合以上诸多因素，人类社会出现了各种各样的文化作品，有点像我们春秋战国时期的百家争鸣，这段时间也被称为“轴心时代”，感兴趣的朋友可以拓展阅读一下。

马克思说，经济基础决定上层建筑。文化的繁荣势必离不开财富的支持。就拿我们今天的文化圈来说，拍一部电影、一部电视剧，需要多少财力、物力的支持，而且花了钱万一作品扑了，那钱就是打水漂了。在我看来，投资电影、电视剧可比炒股风险大多了。

金钱让人爱，金钱让人恨。但其实只要人类有欲望，不管有没有金钱，我们都会不自觉地追逐利益。前些年黄渤有一部电影很火，我也很喜欢，叫《一出好戏》。故事里一群人因为天灾被迫困在一座孤岛上面，一无所有的主角们重演了人类市场经济的发展，是如何从以物换物到通用货币，又如何逐渐建立经济制度、社会制度，形成一个独立的小世界。

马克思说金银天然不是货币，但货币天然是金银。希望读完这一节，大家能重新看待金钱，重新理解财富，并且站在更高的维度去看待财富对社会、经济、文化的影响，以及对个人的影响。

四、财富自由的真相

不知道大家上网冲浪的时候，有没有听过这些流行语？

“你可以骗我的感情，但你不能骗我的钱。”

“说我没人要可以，说我赚不到钱不行。”

“何以解忧，唯有暴富。”

现在年轻人喜欢讨论各种自由，小到奶茶自由、草莓自由，中到财富自由、时间自由，大到离婚自由、养娃自由、辞职自由，而在各种各样关于自由的讨论声中，无疑“财富自由”是最受关注的。从这些活跃的流行语也可以看出来，沉迷“搞钱”、早日退休真的是我们大多数人的共同心愿。

那这第四节，我们就来好好聊聊财富自由。

我前几天看到朋友圈有人发了一份报告，是胡润中国研究院制作的关于财富自由的四个层级，大家先来看看。

<table>
<tr><td rowspan="12">入门级财富自由</td><td rowspan="4">一线城市 1900 万元</td><td>一套 120 平方米城市住房</td></tr>
<tr><td>2 辆车</td></tr>
<tr><td>60 万元的家庭税后年收入</td></tr>
<tr><td>800 万元的金融理财</td></tr>
<tr><td rowspan="4">二线城市 1200 万元</td><td>一套 120 平方米城市住房</td></tr>
<tr><td>2 辆车</td></tr>
<tr><td>40 万元的家庭税后年收入</td></tr>
<tr><td>550 万元的金融理财</td></tr>
<tr><td rowspan="4">三线城市 600 万元</td><td>一套 120 平方米城市住房</td></tr>
<tr><td>2 辆车</td></tr>
<tr><td>20 万元的家庭税后年收入</td></tr>
<tr><td>250 万元的金融理财</td></tr>
</table>

这个表格仅仅只是列举出“入门级财富自由”的详细标准，但看完是不是觉得财富自由与你无关了？我猜到了，所以这个财富自由报告后面的“中级财富自由”“高级财富自由”“国际级财富自由”，就不列举了，既没有任何参考价值，还会影响我们对于自身财富自由的规划。

如果你不相信，请再看这两个数据。一个是招商银行去年出的报告，里面指出中国可投资资产过亿的人仅仅只有 17 万，只占中国总人口的万分之一！而根据 2022 年新发布的国家统计局的数据，上海、北京居民人均可支配收入也不过 7 万左右。

31 个省份 2022 年居民人均可支配收入及名义增速（单位：元）

地区	2022 年	2021 年	名义增速
上海市	79610	78027	2.03%
北京市	77415	75002	3.22%

地区	2022 年	2021 年	名义增速
浙江省	60302	57541	4 80%
江苏省	49862	47498	4.98%
天津市	48976	47449	3.22%
广东省	47065	44993	4.61%
福建省	43118	40659	6.05%
山东省	37560	35705	5.20%
辽宁省	36089	35112	2.78%
内蒙古自治区	35921	34108	5.32%
重庆市	35666	33803	5.51%
湖南省	34036	31993	6.39%
湖北省	32914	30829	6.76%
安徽省	32745	30904	5.96%
江西省	32419	30610	5.91%
海南省	30957	30457	1.64%
河北省	30867	29383	5.05%
四川省	30679	29080	5.50%
陕西省	30116	28568	5.42%
宁夏回族自治区	29599	27904	6.07%
山西省	29178	27426	6.39%
黑龙江省	28346	27159	4.37%
河南省	28222	26811	5.26%
广西壮族自治区	27981	26727	4.69%
吉林省	27975	27770	0.74%
新疆维吾尔自治区	27063	26075	3.79%
青海省	27000	25919	4.17%
云南省	26937	25666	4.95%
西藏自治区	26675	24950	6.91%
贵州省	25508	23996	6.30%
甘肃省	23273	22066	5.47%

来源：根据国家统计局数据整理

这几个数字放在一起，大家是不是对于财富自由更加迷茫了？对于一睁眼就面临着无数生活压力的我们来说，胡润财富自由的榜单与其说是激励人们冲刺财富自由，倒不如说是一份赤裸裸的炫耀和财富碾压——普通人你就别想了，你这辈子算是跟财富自由无关了！

那真的是这样吗？当然不是。因为这份榜单的存在，就已经陷入了大家认知财富自由的最大误区——财富自由就是有钱！

财富自由就是有钱吗？

财富自由就是有钱吗？我可以明确回答，财富自由离不开钱，但绝不是简单的有钱。

这份胡润财富自由榜单公布的所谓关于财富自由的详细标准，包括住什么样的房子、开什么样的车、有多少存款等等，这与其说是财富自由，倒不如说是对有钱的准确定义。如果你相信了它，就会陷入无穷无尽的对于财富的焦虑，跟着自媒体博主大V炒房买房，跟着热点买理财产品，追涨杀跌，甚至还可能加入张坤、葛兰的粉丝会，狂热买买买，或者以为抓住了财富自由的风口，开始买虚拟货币……那结果是你不仅这辈子都没有机会实现财富自由了，还很有可能欠一屁股债。因为你已经掉入了财富自由的大坑。

很多人对于财富自由的畅想，就是买到一切自己想买的，拥有一切自己想拥有的。如果你也是这样，那你这辈子必然不可能实现财富自由。

举个简单的例子，当我们上小学的时候，如果爸爸妈妈愿意给我们买包零食、买个玩具，我们就能开心得飞到天上去；当我们上初中的时候，零食和玩具已经不能满足我们了，游戏机才是我们最想要的。

理解了吗？如果你的财富自由定义是能买自己想买的，那必然是不可能实现的，因为你的欲望总是会比你的钱包先行一步。人是会成长的，人的欲望也是会成长的，我们在每个阶段，对于能覆盖我们欲望的财富需求也是不一样的。小学可能是10块钱的薯片，初中是1000块的游戏机，高中是5000块的手机，大学就变成了上万块的电脑，工作则是更大的房子、更好的车、更贵的包、更奢靡的生活。就像唐僧西天取经的路上，总有九九八十一个陷阱在等着你，而只要你有欲望，那你就永无自由之日。

所以，普通人实现财富自由的第一步，必然是控制自己的欲望。

不知道大家有没有听过一个词，叫作"FIRE"。它和意为炒掉、开除的"fire"看似相同，但其实并不是一个意思。所谓的"FIRE"是四个英文单词的缩写：Financial Independence，Retire Early，即经济独立、早日退休。这个词是从美国的年轻人中流行开来的，现在在豆瓣也有同名小组，是实现财富自由中一股很特别的浪潮。

"FIRE运动"的核心便在于控制自己的欲望，他们认为收入并不是决定你是否实现财富自由的关键，而在于你想要什么样的生活方式。有人年薪百万，住着好房开着好车，还叫嚣着自己是穷人；而有人年薪不过二十万，每天晒猫逗鸟，已经实现了退休生活，这其中的关键便在于你的选择，你期待的财富自由的生活，在合理的范围内，是什么样的？

就拿我一个朋友来说，他所期待的财富自由很简单，就是不用上班，有自由的时间做自己喜欢做的事情。他喜欢写网络小说，写得也不怎么样，但就是爱写。对于他来说，他有间房子，有个电脑，能自由自在地写，就很快乐，这样的财富自由并不需要太多钱。我还有一个朋友与他相反，就是喜欢物质享受。他喜欢大房子，喜欢开好点的车，吃有情调的餐厅，那他的财富自由就需要一大笔钱。

看到这里，大家可能会想，那难道只有我没有欲望或者欲望特别低，才能实现财富自由吗？当然也不是，这只是为了把大家从对财富自由漫无边际的想象中拉出来，脚踏实地地睁开眼看看，自己希望的财富自由到底是什么样的。

知道了自己理想的生活，那接下来，我们开始正式了解，什么是财富自由。

什么是财富自由

财富自由并没有官方的定义，每个研究这个问题的专家都有一套自己的说法。在这里我们选取最通用的解释，所谓的财富自由（financial independence），即你的被动收入等于或大于你的日常开支。一旦实现财富自由，你不必为钱而出卖你的时间，而只要你保持目前的生活状态，不发生什么大的经济变动，你都可以一直生活下去。

关于财富自由，有一个公式：

财富自由所需的钱 = 年度生活所需支出 /4%，或者年度生活所需支出的 25 倍。

财富自由一直是全世界的经济学家关注的事情，所以这个公式也是他们研究出来的。当你的总资产是你年度支出的 25 倍时，你就达到了一个财富自由的关键点，从这个时候开始，如果你每年从你的账户中提取 4% 的钱，作为生活费用，那你就可以不用工作了。

分析这个公式，最重要的就是你的“年度生活所需支出”需要多少钱，如果你日常消费欲望越大，自然你的财富自由需要的钱就越多。所以，如果我们将自己的消费控制在一个合理的范围内，就更容易实现财富自由。建议大家将这个公式打印出来，贴在自己的床头，每日勉励自己。

为了让大家更容易理解，我借鉴马斯洛的“人类需求五层次理论”，也将财富自由分成了五个等级：财富生存、财富安全、财富独立、财富自由、绝对财富自由。

层级	名称	简介
第一层级	财富生存	财富能满足个人基本生存需求，衣食住行、教育、医疗等。
第二层级	财富安全	财富不仅满足生存需求，还能满足享受生活的需求。
第三层级	财富独立	财富能基本满足自己所属阶级内的欲望。
第四层级	财富自由	不必靠出卖时间来换取报酬。
第五层级	绝对财富自由	最高层次的财富自由，自己想要的都有能力达到。

对应表格，绝大部分人目前应该都处于财富安全、财富独立两个层级内，正在朝着财富自由的方向努力。

写到这里，大家应该对财富自由有一个大致的了解了，对于自己距离财富自由有多遥远也有个初步的判断了。在本节结束前，再留给大家两个问题：

第一，请列举出你生活中绝对无法缺少的东西。

控制欲望固然重要，但生活的魅力也在于欲望本身。吃一顿好饭、看一部好电影、穿一件漂亮的衣服，都是欲望，但也都是我们实打实的快乐。这一条，便是希望大家列举出对于自己的生活，最重要的物质是什么，能带给你快乐的物质是什么。

就像对我来说，纵然嘴上说精神欲望远大于物质欲望，但我特别爱买衣服，每次穿上新衣服都感觉自己年轻了几岁。所以在我的财富自由规划中，买衣服定然是不能被删去的欲望，不过我会把它控制在一个范围内，比如一个月一千块，一年一万块，超过预算就绝不买。

第二，如果有一天你财富自由了，不必工作了，你想做什么？

千万不要答就是睡觉、吃喝玩乐，娱乐的快乐是建立在工作的痛苦上的，不管你信不信，如果只有无穷无尽的玩乐，人必然会陷入巨大的空虚之中，反而失去了财富自由本身的快乐。所以，趁着还没有财富的自由，好好想想自己有没有喜欢做的事情，旅游？读书？当个博主？一切皆可，只要是“即使没钱你也非常愿意干”的事情，那你财富自由后的生活，必然快乐加倍！

第二章

升维到经济学看世界

一、懂一点经济学的重要性

在开始进入本节主题前，我先来给大家讲一个寓言故事。

在很久很久以前，玉皇大帝下凡巡逻，想看看自己治理下的人间是不是国家太平、百姓安康。巡逻途中，玉皇大帝突发奇想，抽中了一位幸运儿——阿牛，打算带阿牛也看看人间以外的地方。玉皇大帝腾云驾雾，先带着阿牛去了阎王殿，阎王殿人很多，但个个看起来都面黄肌瘦，像是几个月没有吃过一顿饱饭，但奇怪的是，眼前明明有一口大锅，锅里熬着肉汤。怎么回事呢？阿牛仔细一看，虽然这阎王殿的人，每个人都有一把勺子，但这勺子做得实在是太长了，勺子的把比他们的胳膊还长，所以根本没办法把东西送进嘴里。

游完阎王殿，玉皇大帝看阿牛不高兴，于是立刻带他去了天界。正好赶上王母娘娘宴会，所有人都吃得正香。阿牛研究了一番，发现这个地方和阎王殿根本就是一样的，一口大锅，熬着肉汤，一群人拿着长过胳膊的大勺子。但与阎王殿相反，这里每个人不仅白白胖胖，还都特别高兴。原来啊，阎王殿的人都想着自己喝肉汤，所以反而喝不到；而天界的人都在用勺子喂对面的人，对面的人也同样喂他，这反而达成了合作共赢的局面。

游历完毕，玉皇大帝问阿牛，你明白了吗？阿牛点点头，我明白了。

那诸位读者，你们明白了吗？

如果你回答的是，乐于助人才能上天堂，或者人不能自私，要心里想着别人才能共赢，恭喜你，明白了一部分，但没明白全部。你可不要忘了，你正在读的是一本讲财富的书，而不是一本道德书。

在这个故事里，我们懂经济学的人，看到了两点。第一，人的生存繁衍离不开丰富的物质生产；第二，有了丰富的物质生产，还必须得要有合理的分配方式，通过某种手段，将物质财富合理、高效地分给每一个人，这个社会才能真正称之为繁荣。

阎王殿和天界都有丰富的肉汤，但阎王殿的人没有合理分配方式，每个人都看着眼前那点肉汤，反而喝不到；而在天界，玉皇大帝出面为大家设置了合理的分配方式，通过合作共同完成，让物质财富比较均衡地输送给每个人。听完这个故事，虽然你还不懂经济学，但心里有那么点感知了吧？原来经济学，是这么回事。

别急，接下来我们正式进入本节的内容。

什么是经济学？

经济学是什么？

对于大部分人来说，要么觉得经济学就是研究赚钱的——“哎，你不是学经济学的吗？咋这么穷”；要么觉得经济学很高级，是研究国家大事的——“哎，中美贸易争端，你不是学经济学的吗？分析分析？”

经济学是研究人类社会在各个发展阶段上的各种经济活动和各种相应的经济关系及其运行、发展的规律的学科。

这是百度百科给出的定义，是不是如听天书？每个字都认识，但它们连一起，就仿佛变成了外语？

我刚学经济学的时候也和大家一样，一个字都不懂，但后来我理解了这门学科后，发现其实经济学是一门社会科学，就和开头的那个寓言故事一样，研究的就两件事，一是物质，二是分配，即我们如何通过组织，来高效地实现财富生产。经济学的核心思想也有两个，一是物质的稀缺性，就像肉汤，人人都需要但它只有一碗；二是对其的有效利用，因为它是稀缺的，所以不能浪费呀。

同时，经济学被分为宏观经济学和微观经济学。这个很容易理解，一个是从高处着眼，研究世界经济、国家经济的走向，聚焦于大的趋势；一个则是从小处着手，对不同决策、战略进行研究。

了解完什么是经济学，那我们普通人为什么要了解经济学呢？因为经济学实在是太重要了，日常懂一点经济学也实在太重要了！

为什么要了解经济学？

了解经济学不是狂记名词解释，狂背重大事件，相反，经济学可以在生活中切实地帮到你。

1. 帮你更深刻地认识世界

你为什么要阅读本书，是为了了解财富的底层逻辑，继而以这套逻辑建立财富观念。那在这套逻辑中，经济学则是最基础的基石。

财富源于欲望，欲望催生交易，而有交易的地方，就必然有经济学。不管你懂不懂经济学，经济学都影响着你的生活。比如，这几个问题，你知道为什么吗？

为什么二胎政策放开后，生育率还是上不去呢？

为什么想要多卖商品 A，反而要给商品 B 降价呢?

为什么世界上没有免费的午餐?

为什么有些奢侈品贵得离谱呢?

为什么高考前后父母对我们态度如此不同呢?

……

这几个问题，有的答案你完全摸不着头脑，有的答案你似乎明白，但说又说不清楚。这些都没关系，因为如果你懂一点经济学，这些问题都能迎刃而解。同样是看到一个物品涨价，除了人人都知道的通货膨胀外，你还可以从供求关系、经济趋势等诸多维度进行判断。人与人思维的不同，其实就体现在对一件事物的认知上。当你懂了经济学，你对事物的认知，天然就多了一个维度和视角，自然也就会更深刻。

2. 帮你更好地决策

经济学并不是神仙，能告诉你怎么暴富，但是它可以把所有有价值的信息摆在你眼前，让你一目了然地看到每个选择的代价，你根据自己的需求，选择契合自身最大利益的即可。而且最重要的是，神仙可能会撒谎，经济学却不会。

经济学里有几个概念，给大家介绍下：

【机会成本】

成本没什么难理解的，就是你完成这件事情，需要付出的代价是什么。但在成本的概念里，有一个词大部分人却并不知道，这个名词叫作“机会成本”。所谓机会成本，简单来说就是你拥有 A、B、C 三种机会，当你选择 A 时，B 和 C 就会成为你选择 A 而不得不付出的机会成本。

听起来有点绕，举个例子你们就懂了。你今天上了一天班，非常累，下班回家只想打开短视频平台刷刷，乐一乐。从寻常角度来看，你只是损失了一晚上的时间，但从机会成本的角度看，你损失的不仅是时间，还有你原本用这段时间学习、阅读的成长机会。夸张点讲，可能每天晚上坚持学习，你最终会成为一个富翁，但为了即时的快乐，你放弃掉了这个潜在的可能性。

毕竟这个世界上，最稀缺的资源就是时间。每个人，无论你是穷人还是富人，一天只有 24 个小时，当你把 2 个小时花费在短视频上时，你失去的是永远无法回来的 2 个小时。机会成本是件很可怕的事情，所以大家在做人生重大决定时一定要谨慎，因为你的成本不只是选择的那一个选项，还有其他潜在的选项。所以，了解点经济学真的很重要。

【边际效应】

边际效益递减是经济学中很重要的一个基本定律。举一个例子，去年我参加了一个朋友合作的禅修班，其中一个环节是一天不能吃东西，但可以喝水。可想而知，那一天过得很慢，而当那一天结束后，我们的餐点是一人两个白馒头。现在你听到肯定觉得，呀，好难吃呀，但在一天没有吃饭的人面前，两个白馒头和两块肉没什么区别，我三两口就吃完了。吃完后，又上了两个包子。说实话，包子其实比馒头好吃很多，但我当时再吃到包子时，竟然还不如馒头好吃。这从心理学来分析，是人的贪婪与不满，而从经济学来看，其实就是一种边际效益递减。

除了上面两个，经济学中还有很多有意思的名词，比如沉没成本、复利效应等，能帮助我们更好地判断一件事，继而做出更好的选择。这些名词我们后续都会逐一讲到，本节就不赘述了。

在经济学的世界里，我们会假设所有人都是“理性”的，以最终利己为目的，通过自己所付出的最小代价来收获自己所能取得的最大利益。但在实际生活中，我们是人、有欲望，我们放不下感性，所以也可以通过学习经济学来锻炼自己的理性思考能力、决策能力。

3. 帮你识破骗局

一位我非常喜欢的女经济学家琼·罗宾逊说，她研究经济学的理由，就是为了避免被经济学家欺骗。很有道理，这就像行走于金钱江湖，不懂两门武艺，怎么能活得下去？

前段时间“国家反诈 APP”的宣传搞得如火如荼，在各种渠道、平台推广，希望人们下载避免上当受骗。足以证明，现在的诈骗到底多到什么程度了！而在各种诈骗手段中，金融诈骗一定是金额最大、最容易上当的一种了！

比如前几年闹得沸沸扬扬的“P2P 爆雷事件”，不光是很多年纪偏大的大爷大妈上当受骗，还有很多知识水平颇高的年轻人陷入其中。事情发生后，除了痛哭、惋惜、追责外，其实也应该思考原因。假设他们懂一点经济学，懂得风险和收益的经济学常识，恐怕绝对不会将毕生辛苦攒的钱投入风险如此之高的 P2P 中。

提起金融诈骗，最经典的莫过于“庞氏骗局”了。那个叫庞兹的美国人，发现赚钱最快的行业就是金融，于是搞了一个复杂又庞大的投资计划，目的就是让又想赚钱又不懂经济学的人看不懂，以 90 天可以获得 40% 的回报的空头诱饵，割了一茬又一茬的韭菜。如果人人都懂那么一点经济学，在听到 40% 这样高的回报时，扭头就走了。说句不好听的，如果是真的有这么好的暴富机会，还能轮到我们普通人？早都被那些有钱人吃光抹净了。

4. 帮你更好地理解国家政策

有句话说得好，叫“站在风口上，猪都能飞起来”。上一个互联网风口，吹起来了一批富人。那么下一个风口在哪里呢？与其看那些专家云里雾里胡说八道，不如自己好好琢磨下，至少能分辨出来，谁在说真心话，谁是故意扰乱人心。

前面说了，经济学分为宏观经济学和微观经济学。所谓宏观经济学，它研究的就是经济政策是怎么影响国家、影响社会的。如果懂点宏观经济学，那就能倒推着帮我们明白，国家的政策，又是怎么影响经济的。

比如，我们国家地大物博，为什么不能自给自足，非要和美国做生意？

比如，看新闻经常听到“稳健的货币政策”“宽松的货币政策”，是什么意思？

再比如，孩子要考大学了，报哪个专业更有前景呢？

这些问题宏观经济学都能帮你解决。

看到这里，是不是觉得经济学还挺有意思，而且真的特别实用？确实是的，学经济学要有耐心，只要你克服了内心对它的恐惧，就会发现它无穷的乐趣。

每个人都应该懂一点经济学，它一定会让你更富有，也一定会让你活得更明白、更自由、更有趣！

二、我与经济全球化之间的关系

你听过蝴蝶效应吗？

20 世纪 70 年代，一位名叫洛伦兹的美国气象学家提出，如果亚马孙雨林里的一只蝴蝶扇动翅膀，那么便会在两周以后的得克萨斯州掀起一场巨大的龙卷风。为什么呢？从科学角度来解释，蝴蝶扇动翅膀的运动虽然微小，但仍然会使空气系统发生变化，最终形成连锁效应，就像多米诺骨牌一样，只是轻轻一推，整个系统都发生了质的变化。

现在蝴蝶效应已经不仅被用来理解气象学的问题，还广泛应用在复杂的经济学、政治学、社会学等各个领域。尤其是在经济体系内，风险高度相关，且具有极强的传导性。我们觉得遥远得不得了的金融事件就是这只蝴蝶，而大洋彼岸就是每日忙忙碌碌的我们，你以为世界与你无关，经济与你无关，但实际上，它们的细微变化都对你的生活有着不可估量的影响！

2008 年的金融危机，就是一个典型的蝴蝶效应！

2007 年，一个被叫作“次级房贷债券”的金融衍生产品，引发了美国次贷危机。刚开始时，很多专家和民众都觉得不过是一次小危机，能引起多大风浪？不光是美国，其他国家人民也没放在心上，都是“各人自扫门前雪，莫管他人瓦上霜”的心态，但接下来金融危机蔓延之快，让所有人吓傻了眼。

2008 年初，美国金融业先出现危机。根据当年的公开数据显示，世界上最大的投资银行及金融机构之一花旗集团市值缩水 53%，摩根大通则消失了 14%。什么意思？就是你什么也没干，但睡一觉起来，上万亿的美元没有了。

紧接着，2008 年 9 月，曾经的美国第四大投资银行雷曼兄弟宣告破产。就在当年 4 月，他们还宣称“次贷危机最严重的时间已经过去了”，鼓励民众恢复信心，但实际上呢，不过 5 个月，经营了 158 年、经历过多少大风大浪的雷曼兄弟就这么没了。

雷曼兄弟破产的同一天，美国第三大投资银行美林公司被收购。

几天后，美国政府被迫入局，拯救摇摇欲坠的金融业，对保险业巨头美国国际集团审批高达 850 亿美元的紧急贷款！美国监管机构接手美国最大的储蓄银行华盛顿互惠银行，并将其部分业务卖了出去，以换取资金……

在你方倒闭我又倒的一波一波巨浪下，许多全球顶级的金融机构几乎一夜之间消失无踪，美国政府就算是想救也救不过来了。于是，次贷危机的蝴蝶翅膀影响的范围越来越广，最终成为席卷全球的 2008 年国际金融危机。

中国有句古话叫作，“覆巢之下安有完卵”，意思是整体都出事了，个体还能幸免吗？与“蝴蝶效应”有异曲同工之妙。你们肯定想不到，这句话的出处和“孔融让梨”的孔融有关。

前面听了那么多金融危机的发展，你们大脑一定很紧张，听个小故事放松下。这个故事是这样的：孔融惹恼了皇帝即将被逮捕。当时孔融有两个儿子，一个九岁，一个八岁。先来了逮捕孔融的官吏，孔融看着两个儿子，十分忧虑，便问官吏：“我一人做事一人当，放过我两个儿子行不行？”官吏还没开口，他的大儿子十分从容地说：“鸟巢都倾覆了，难道鸟蛋还能完好无损吗？”果然，不一会逮捕孔融儿子的官吏也到了。

大儿子说的这句话，便是“覆巢之下安有完卵”的来源。

有时候，我们初心很美好，和孔融一样，希望这个世界按照自己所认为的逻辑运转，谁做谁当，但实际上呢，并不是这样。中国的先贤们也早就发现了这个规律，所谓“城门失火殃及池鱼”“唇亡齿寒”，不都是这个道理吗？

当时还是 2008 年，世界还没有完全被联系在一起。而今天，2023 年，经济全球化的浪潮早已将世界人民联系在了一起。过去蝴蝶扇下翅膀，三个月后才影响到你；现在好了，昨天扇的翅膀，今天你就能感觉到变化。

现在的全球化程度夸张到什么地步，就拿苹果手机来举个例子吧。

每部苹果手机的制造，需要 200 个以上供应商的合作，具体来看，流程是这样的：

设计，来自位于美国加利福尼亚州的苹果公司；

内存，来自韩国的 SK 海力士；

储存芯片的颗粒，则主要来自铠侠，前身是日本东芝存储公司；

苹果 13 以及 14 的 5G 芯片，来自美国高通公司；

MCU 微控单元，来自 STMicroelectronics，一家意法合资的瑞士公司；

内置的锂电池，则主要来自我国的欣旺达电池；

液晶屏幕，苹果 14 的屏幕主要来自韩国的三星和我国的京东方；

……

说完所有零部件，还有最重要的一个步骤：组装。组装苹果手机的最大工厂，就是中国的富士康。根据数据显示，一半以上的苹果手机都是在中国组装的。

很多人用苹果手机，也知道“全球化”这个词，但应该是第一次这么直观地看到，全球化到底是如何实现的吧？就是这样，像流水线上的工人一样，每个国家的企业都只完成自己最擅长的部分，最终齐心协力地合作，完成世界上最优秀的科技产品之一！

2022 年，在技术的不断革新中，在信息的不断流动中，世界已经完全联结成一体，全球 200 多个国家和地区早已因“经济”建立了千丝万缕的联系。在今天的全球化浪潮中，当蝴蝶扇动翅膀的时候，也没有人能逃得过暴风雨。

就像 2008 年的金融危机，美国是当时世界经济的领头者，当它发生金融危机时，就像给危机加了杠杆，蝴蝶效应会不断被放大，并且通过这种错综复杂的经济关系，不断蔓延给全球各个国家。

我记得我当时有个亲戚是做外贸生意的，他印象非常深刻。几乎就是一个星期内，几千单的外贸订单瞬间没了，其中有一些已经做好了，但没办法，采购的企业已经破产没有钱了，整个产业链就这样从上游影响到下游。

2008 年的金融危机听起来或许有点遥远，那我再举个近点的，且与我们自身有密切关系的例子。2020 年初，新冠肺炎疫情爆发，断断续续地防控了三年。这件事，不仅对我们的身体健康，更是对我们的经济状况产生了巨大的影响。好在 2022 年底，终于防疫政策放开，虽然一段时间内，经济很难迅速回升上去，但放开这个动作，就像蝴蝶扇动的一个翅膀，最终会对整个局面产生巨大的积极的影响。

最近有很多年轻人找工作，有时候迷茫了会找我聊天，问的问题十有八九都是经济是不是不行了，为什么都不招人？为什么我这么久都找不到工作，是我太差吗？企业勒紧裤腰带，也是上一次蝴蝶效应留下的影响，活下去目前是企业最重要的事情。当然了，第二轮的蝴蝶效应已经开始了，活下去对于企业固然重要，但繁荣发展也很重要，而繁荣发展最离不开的自然是人才。要善于抓住蝴蝶扇动翅膀时的空隙，不断充实自己、提高自己，这样当蝴蝶效应带来的机会真正出现时，才能一举击中！

世界充满动态的变化和发展，一件事情的发展，其轨迹有时有迹可循，有时却毫无踪影。一个小小的变化，便能影响整个系统的宏观发展，从某种程度上说，也说明了事物发展的复杂性，也就倒逼着我们不断升级自己的思维，才能赶得上疯狂前进的世界。

暴风雨不是一夜之间来临的，金融危机不是一夜之间爆发的，在这些现象出现之前，必然已经出现过千千万万条的蛛丝马迹，而经济学，就是帮助你发现这些蛛丝马迹的放大镜。

有人说，以前劝孩子读书，是这样说的：女儿啊，好好读书，不然以后就是那街边捡破烂的。现在劝孩子读书，则是这样的：儿子啊，你可得好好读书啊，以后你可是要跟全世界的人才竞争啊，美国人、印度人，还有机器人！你要是不读书，连捡破烂的工作都没了！

听起来滑稽，但仔细一想，也有那么几分道理。我在着手写这本书时，一个由美国人工智能研究公司 OpenAI 研发的 ChatGPT 智能聊天机器人火爆网络，仅 2 个月用户便已破亿，足可见大家对于科技的狂热。当这股热潮出现，有这么几个趋势很有意思：一个是科技类股票大涨，有人已经套到了利；一个是国内头部互联网公司也开始紧急启动同类项目，有人已经高薪跳槽；一个是开始研究人工智能的应用方向，寻找自己无法被替代的关键点…… 最后一点，从现在看来或许还为时过早，但谁知道呢，新一轮蝴蝶的翅膀已经扇动，真正的风浪迟早会刮起来，你准备好了吗？

三、为什么涨工资了还是不宽裕?

《毕业一年，我是怎么做到年入百万的》

《95 后人均存款过百万，你呢？》

《00 后平均月工资 1W，你呢？》

《听说 30 岁不买房的人，这辈子就买不了了》

……

以上这类文章，你一定刷到过至少一篇。这些文章都有一个共同的特点，那就是在说这个年代，人均工资过万，存款过百万，人均有房、有车，你如果不是，不好意思，你就不是“人”了。

读着这样的文章，我们很难不觉得自己特别穷。想谈恋爱，人家要求心仪男 / 女嘉宾，月入至少得 2 万，房和车总得有一个吧；想买房，从售楼处假装路过了下，立刻被那高得吓人的房价吓退，发现自己要买下一套房也就差把下辈子也搭上。本来觉得自己每个月的工资好像还可以，能养活自己，还能存下那么一点，但仔细一看，发现完全不行——人人年薪百万，你却只有十万，差得也太远了吧？于是我们一边自怨自艾，一边埋头苦干，朝着那根本不存在的终点如老黄牛般辛苦耕作……

但其实，你们知道吗？在我们国家，年薪十万，就已经打败了 90% 的人！

没有想到吧？许多人认为，年薪十万，是一个简直不值一提的数字，但事实上，和全国人民比起来，不仅不低，甚至还可以称得上是“有钱人”。

全国最有钱的上海，2022 年人均可支配收入也不过是 7 万。值得注意的是，国家统计局公布的人均可支配收入中（详见上文“31 个省份 2022 年居民人均可支配收入及名义增速”表），除了工资收入外，还计算了经营收入、财产收入、转移收入等。也就是说，像投资股票、开店、业余兼职等收入，也都会计算在里面。所以，这其实是一个综合且具有代表性的数据。

我们来算笔账，如果你真的税后月薪 8000，那年薪接近 10 万，这个收入已经高于上海的人均可支配年收入了！如果看自媒体的文章，或许会惊叹，“税后月薪 8000，在北上广能活？”但事实上，不仅能活，而且活得还算不错了，毕竟都高于平均值了。

再说句大实话，如果我们把顶部极少数的有钱人剔除掉，那你这个排名还会不断往前跃，超越 95% 的人民没有问题。

但是，即使工资、月薪高于平均值，并且每年还处于积极增长的状态，我们为什么还是感觉很穷呢？想买的东西永远不敢买，财富自由也看似遥遥无期。

我有一个朋友，她是搞境外电商的，已经做了七年了。在疫情爆发的这三年，几乎是飞跃式发展，具体挣了多少钱我也不好意思问，但从小道消息来看，确实挣钱了。按理说，挣到了钱，消费水平应该不错吧，应该是开心的吧？结果她和我吃饭的时候狂吐槽，每句话都离不开一个“穷”字。这让比她还穷的我，都不知道如何开口了！

像她这样的吐槽，我还听到过很多。像什么“老师，我今年工资涨了 20%，消费也没提升，但钱怎么还不够花了啊？”原因有很多，但最直接的便是，你收入涨了，物价也涨了。

收入的涨幅赶不上物价的增幅

经济在高速发展，我们的收入也在不断提高，但物价也在不断提高。只有你收入的涨幅，追得上物价的增幅，那你才能体会到“赚到钱”的感觉。

那问题来了，为什么收入总是跑不过物价呢？很简单，因为通货膨胀。通货膨胀是一个和日常生活息息相关的词，但很多人并不知道，或者知道但并不理解。与通货膨胀总是联系在一起的，还有一个词，叫作“货币幻觉”。

什么是货币幻觉呢？

举个例子，下面两种情况，你会选哪个？

A. 工资增加 3%，而同年的通货膨胀率为 6%；

B. 工资减少 3%，但同年的通货膨胀率为 0。

你是不是选了 A？

不必担忧自己选错，大部分人都选了 A。其实，只要稍微计算下，就会发现这两个选择的最终结果其实是一样的——在考虑通货膨胀的影响下，工资都减少了 3%。那么结果明明一样，为什么总觉得第一种更好呢？这就叫作“货币幻觉”。

对于普通人来说，我们下意识会更关注自己的收入变化，只要收入是增长的，便认为自己更有钱了，并不会去将通货膨胀水平计算在里面。

从改革开放后，我们的收入简直是肉眼可见地上涨！几十年前，万元户还是稀缺，而现在月薪没一万都不好意思活着！这一切看起来像是国家发展了，我们也赚到钱了，但实际上呢，等我们去市场里走一圈，才发现现在的一万元，连很多城市的一平方米都买不到。

恍惚间才发现，原来不光是我们的收入涨了，物价也在涨，而且涨得可比我们收入快多了！你夜不能寐地埋头苦耕，结果天亮了，这片地你耕和没耕没区别，是不是很崩溃？

先别急着崩溃！现在是你应该高兴的时候，因为你已经知道了背后的原因，打破了认知之窗，而认知则是一切奇迹发生的第一步！我们继续来看！

在经济学里，有一个很经典的货币数量论公式：M*V=P*Y

M，指的是货币数量；

V，指的是货币流动速度；

P，指的是物价水平；

Y，指的是商品总产出。

也就是说，物价水平 = 货币数量 * 货币流动速度 / 商品总产出

要想知道为什么物价涨得那么快，那必然要先找出影响物价的关键因子，即货币数量、货币流动速度、商品总产出。

我们以 M——货币数量作为示例，分析开口：

货币数量过多，导致物价上涨。

以前世界经济是金本位制，即每个国家的货币与黄金或其他贵金属挂钩。金本位制固然存在很多问题（后来被取消了），但有一点是好的，就是不能乱发货币，流通的货币大体上是固定的。后来金本位制结束，货币就只能依靠国家信用了。换句话说，有的不负责任的政府很容易冲动，没钱了？那我就去印钱，反正我的地盘我做主，又没有其他人能管我，最典型的例子就是津巴布韦。于是，当货币数量变多时，代入公式，物价水平自然就上涨了！

我们国家的话，中国人民银行制定了每年 12% 左右的货币增速，这是按照 GDP 增速（7% 左右）和 CPI 增速（3% 左右）来制定的，但实际上的货币增速大概是 16%……所以，通货膨胀不可小觑。有时候你看似工资涨了，但和通货膨胀一比，算了，还是别比了。

GDP 是国内生产总值（Gross Domestic Product）的简称，是一

个国家（或地区）所有常住单位在一定时期内生产活动的最终成果。GDP 是国民经济核算的核心指标，也是衡量一个国家或地区经济状况和发展水平的重要指标。

CPI 是居民消费价格指数（Consumer Price Index）的简称。居民消费价格指数，是一个反映一定时期内城乡居民家庭一般所购买的消费商品和服务价格水平变动情况的宏观经济指标。它是度量一组代表性消费商品及服务项目的价格水平随时间而变动的相对数，是用来反映居民家庭购买消费商品及服务的价格水平的变动情况。

现在你是不是很慌，通货膨胀这么厉害，怎么办啊？

别慌！接下来给大家几个小建议：

1. 适当负债、适当消费

适当消费大家都知道，但适当负债是什么意思呢？

大部分人其实是不爱借钱的，拿了别人的东西，总好像心里揣了个石头，不踏实。但我们要努力克服这种心态，因为物价上涨是一种几乎确定的趋势，如果有未来一定会买的大件物品，可以考虑提前购买，并且在能力允许的范围内负债购买。

尤其是现在很多物品都支持无息分期，你可以将这一笔本应付给商家的钱，去买个定投或者存活期拿利息，如果这笔钱够大的话，还是能赚不少的！

2. 建立自己的风险准备金

什么是风险准备金？

所谓风险准备金，就是你为风险准备的钱。

有句话很难听，但很实在，是“你不知道明天和意外，哪个会先来”。是的，所以风险准备金，就是你抵御突如其来的意外的保障。一般来说，一个家庭要储备足够日常生活 6 个月的存款或者其他流动性的资金。这笔钱，无论如何都不能动用，是安心钱。

如果你尚未建立家庭，3–6 个月都是合适的。换句话说，不管有多少，但一定要有！

3. 如果房子是刚需，就买房

房地产市场虽然会有波动，但对于刚需房来说，什么时候买都是合适的。如果准备结婚、养育小孩或确定自己一定会买房，那早买比晚买好。负债虽然有压力，但适当的负债和债务杠杆，其实是对冲通货膨胀的比较有效的方式。当然，如果是想炒房的话，不在本节主题里。

4. 建立自己的投资体系

我个人认为，对抗通货膨胀最好的方式，一定是做资产配置。现在其实各大银行都在推广资产配置的理财观念，去银行走一遭，加几个客户经理的微信，跟他们聊聊你的需求和资产情况，配置一套适合自己的理财组合。

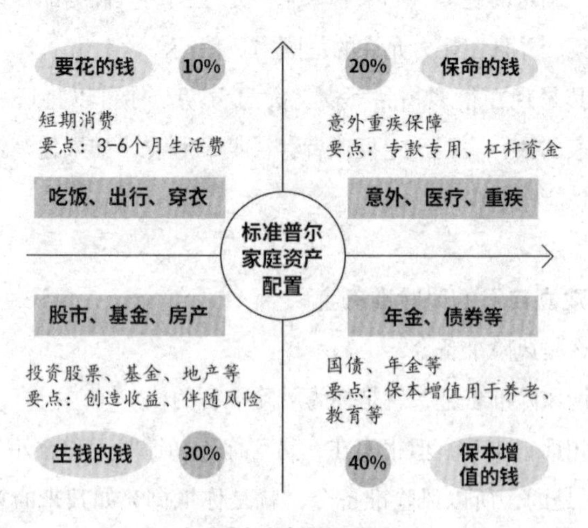

标准普尔家庭资产配置

这是标准普尔家庭资产象限图，将你的资产分为要花的钱、保命的钱（风险准备金）、生钱的钱、增值的钱，更多关于这部分的知识，我们后文再介绍！

另外，很多人可能觉得自己就那几万块钱，有必要进行资产配置吗？非常有必要。如果你现在不动手，那你这辈子还真就那几万块了。你要将这几万块作为小试牛刀的牛刀，通过小钱建立自己的投资体系和理财认知，这样才有机会拥有几十万，乃至几百万！

还记得我们前面说过的吗？要学会尊重钱！几万块怎么不是钱了？要知道每一分钱都有自己的使命和价值，一定要养成对钱的尊重感！不要小瞧几万块，当你埋头耕地的时候，你的几万块钱也在耕地，双向奔赴总比一个人有效些！

其实，乍看到本节的标题，每个人第一个反应是，那是因为你工资变高了，欲望也变高了，自然更穷了！确实，欲望总是比我们的能力先行一步，但那并不是我们的错。而且从经济学的角度看，也确实并非是我们的问题，有时欲望还没来得及滋生，口袋已经空空。

日常很多现象其实都是这样，乍一看是我们的问题，但透过现象仔细去分析，其实并非如此，而经济学就是帮助我们透过现象看到本质，最有效的工具之一！

四、经济学中财富运行的秘密规则

好好读书，努力工作，然后就能赚到钱了——这是我们每个人都被教导的一条“财富”之路，但实际上，根本没什么用。在经济学中，有一个词叫“信息差”。什么是信息差呢？可以简单理解为，在关键的事情上，知道别人不知道的信息。

如果一条财富之路众所周知，那它就不是财富之路了——即使它曾经是，现在也因为信息的稀释，失去了价值。其实，本书教大家建立的财富底层逻辑，就是一种信息差，阅读本书与不阅读本书，本身就会有差异，而有财富逻辑与没有财富逻辑，更是天差地别。

“道可道，非常道；名可名，非常名。”就像这句传承千年的《道德经》第一句，其实说的就是世界万物总有其规律，总在围绕某种规则运转。看懂规则，就能透过这些纷繁复杂的社会表象，看到最底层的本质。在人类世界中，有三个最关键的运行逻辑，分别是技术逻辑、经济逻辑和权力逻辑。技术逻辑决定着物质生产，经济逻辑决定着物质分配，而权力逻辑决定了所有权。要想建立财富的底层逻辑，必然要先了解经济规则。

本节作为宏观经济世界的最后一节，打算给大家来点干货，向大家介绍 3 个经济学中财富运行的秘密规则。当然规则也有三六九等，让我们抽丝剥茧，从第一层细细说起。

第一层规则：商业模式

就像思维有认知模型，经济也有商业模型。在动荡起伏的千年商业史中，其实左右不过那几种商业模型。

这是三个最常见，也是最快盈利的商业模式：

第一种模式：免费模式

互联网发展得最风生水起的时候，商业江湖上流行一句话，叫“羊毛出在猪身上”。现在这句话早已深入人心，都用不着解释了。免费模式是最简单却最有效的商业模式，但很多人往往只读懂了免费，没有读懂模式。

举个最常见的例子：充值话费免费送手机。

很多运营商都有这个活动，你存 3000 元的话费，他们就免费送你一个价值 3000 元的手机，或者你不想要手机，送价值 3000 元的空调也行。听起来是不是很划算？是不是很心动？是不是感觉人家在赔钱做生意？

其实，这生意我们来做，确实是赔钱，但大运营商来做，就是赚钱的。为什么呢？因为市场价格 3000 元的手机，他们采购一般只有一半的价格，也就是 1500 元，有时候手机企业为了处理滞销机，折扣还会更低，他们也就赚得更多。

这个类型的免费模式中其实又套了一个小的商业知识，叫规模效应。可口可乐为什么能成为可乐一哥？很大程度上是因为它市场规模够大，极大地压低了成本。

再举一个例子：麦当劳的卫生间，为什么对所有人都是免费的？

说实话，在外面逛街的时候，我没少免费上麦当劳的卫生间。

第一次去的时候还是个少年，忍不住夸赞麦当劳真是为人民服务的好榜样，竟然免费让我们使用（以前很多公共卫生间其实都是收费的）。

但等我学了经济学，我一下就明白了，麦当劳真是把免费模式玩得明明白白的。我们从经济学角度来看下，当我们免费去麦当劳上卫生间时，为麦当劳带来了什么：

· 免费的品牌传播（麦当劳能免费上厕所）；

· 络绎不绝的人流；

· 人流带来了人气；

· 人流带来了无数的潜在顾客。

这四条收益中，光第一条，就为麦当劳省下了多少钱哪！

第二种模式：加盟模式

加盟模式在餐饮业尤其常见，火锅（海底捞）、甜点（鲍师傅）、奶茶（一点点、奈雪的茶）等，到处可见这种模式。也因此，加盟模式也被人认为是“割韭菜”最多的模式。不过我倒觉得，这反而证明了这个模式是真的有利可图。

这种模式在生活中实在是太常见了，我们就不举例子了。

第三种模式：O2O 模式

所谓 O2O 模式，听起来高端，其实就是通过线上营销和购买，带动线下的经营和消费。比如，近年非常火的美妆品牌完美日记，其实走的就是这条路线。通过线上（小红书、哔哩哔哩、抖音等）全面营销开花，带动网店销量冲刺，在打开品牌后，又在线下开设店铺和体验店。

这种模式将线上和线下的优势融于一体，将互联网流量导入线下，让用户在享受线上价格的同时，又能享受线下店铺的优质服务，从而真正将消费者圈住。其实很多大企业，线上成功后，都会尝试线下店铺，这证明 O2O 的模式真的很吸引人。

具体而言，它有以下几个优点：

第一，O2O 模式放大了互联网优势（信息传播广、用户集中等），并且创新性地将互联网的优势引入线下，以长补短，让海量信息、海量用户又重新回归到条条小溪中，进行精细化的耕作。比如现在的社区团购，其实就是 O2O 模式。

第二，O2O 模式规避了线下的劣势。线下传播通过无法预测的传统营销模式来推广，结果好不好不知道，而 O2O 将线下的行为通过线上来计算，有数据计算就能实现成本可控。

除了以上两点，它还有更好的服务体验：线上线下一体化，对于我们来说，一样的价格却享受到了更好的服务，同时也打破线上线下的信息壁垒，你不用收货了才觉得不喜欢，极大地提高了产品竞争力。

第二层规则：商业规律

商业规律可以理解为商业世界里亘古不变的真理。既然是真理，也注定这个世界上只有极少数的人能知道，知道了又能理解，理解了又能应用，比如证券公司、银行业等精英充斥的金融机构。他们能掌握真理，所依靠的不仅是自身远高于常人的学历门槛、知识门槛，还有这些金融机构本身雄厚的资源背景。

正所谓众人拾柴火焰高，专业精英们聚在一起，势必是比我们普通人更有利的。这也解释了一个现象，你看像 BAT 等诸多在其他行业发展得迅猛的巨头，最终都会想方设法进入金融行业。因为他们不仅想成为靠着第一层的商业模式赚钱的人，还想成为一开始便掌握了商业规律的人！

说到这里，那可能有人着急了，都是精英和巨头，我们普通人怎么办？什么对我们普通人比较实用呢？答案便是我开头提到的信息差。

即使我们不知道浪潮奔涌的规律，但如果能提前从懂经验的人那里知道，浪潮什么时候会涌起，那我们就有充足的应战机会。面对这场浪，我们是要御浪而行，还是退而避之？无论做出哪个决策，绝对都需要浪涌的信息。

随着互联网的普及，信息鸿沟已经逐渐缩小，很多人可能会质疑现在还有信息差？毋庸置疑，是的。即使有一些信息，你认为已经人尽皆知了，但其实也仅仅是圈层效应在作祟罢了。有句古话叫“隔行如隔山”，你可以试着将你行业的信息，或者你觉得是常识的事情在网上分享几个，在你的圈层之外，绝大多数人都很可能表示不知道。就像我现在为大家分享的知识，也是我认为人人皆知的，但我的编辑非常认真且严肃地告诉我，并不是！

网上信息多，但垃圾信息也多。我曾经看到过一篇文章说，如果你的所有信息来源都是朋友圈、知乎、今日头条、抖音，由于这些渠道能提供有价值的信息的可能性仅有 1%，那即使你每天阅读了 99% 的内容，你得到的价值仍然不超过 1%。

所以，我还是很建议大家通过阅读书籍来获取信息，因为一本书经过重重审核，信息密度和准确性都是远远高于互联网信息的。但当然书籍阅读也有它的不便之处，就是周期长。很多经济浪潮的奔涌，有时是几年的酝酿，有时是几周的爆发，大家可以做个有心人，常阅读有价值的书籍，同时也通过正确的方法从互联网上获得有价值的信息。

如何从互联网获取高质量信息，教给大家三个筛选技巧：一手信息比二手信息有价值；完整文章比碎片信息有价值；知识源头的人比信息本身有价值。

第三层规则：商业规则

已经讲到第三层了，大家看懂这个顺序了吗？

第一层的是绝大多数人，靠商业模式实现财富自由。因为最实用，所以我写得也最多、最详细；第二层的是中间少数人，靠商业规律实现财富自由，与我们有关系，但关系不大，所以我略施笔墨；现在来到第三层，按照逻辑，应该是和我们普通人完全没什么关系了吧？

是，也不是。

俗话说，国有国法、家有家规。商业的世界，自然也有商业的规则。而这些商业的规则，有的是白纸黑字的法则，有的则是身在其中才知道的隐秘规则。作为普通人，这些商业规则看似跟我们没关系，但实际上时时刻刻真正影响的，又是我们普通人的生活。比如说，当一项国家经济政策出台时，你不看，说跟你没关系，但赶明儿这政策的影响就立刻落在了你的身上！所以，对于商业规则这一层，我们不能不了解，但也不必深了解，能掌握前面两项就已经十分了不得了！

第三章
走出思维的误区

一、富人思维与穷人思维

什么是穷人思维，什么又是富人思维？

本节的小标题我纠结了许久，因为其实所谓的穷人思维、富人思维，并不是真正以是否有钱来作为划分标准的。有的人，口袋空空，但却有富人思维；而有的人，腰缠万贯，却仍然是标准的穷人思维。一个人的思维，会受金钱的影响，但并不由金钱来决定。

所以，在阅读接下来的内容前，请大家记住：穷人思维是一种让人走向贫穷的思维方式，因为其在穷人中出现的概率比较高，所以被称为穷人思维；与之相反，富人思维则是能帮助我们不断积累财富的一种思维，作为这种思维的结果，它在富人阶级中出现的可能性更大，因此才被称为富人思维。

区分清楚这个概念后，我们便进入今天的主题：穷人思维 VS 富人思维。在本节中，我会给大家介绍 4 种思维，大家在阅读过程中记得时时与自己的思维对比，来看看自己到底是穷人思维还是富人思维！

成本思维

什么叫成本？

成本是一个经济学中的概念。通俗点来讲，即你做一件事要付出的代价。老话说，有舍有得，这里的“舍”其实就是成本。我们在前面的章节中，提到过一个词叫“机会成本”，不知道大家还记得吗？机会成本也是若干类成本中的一类。

什么叫成本思维呢？

说老实话，其实穷人比富人会算账，进超市、逛淘宝，为了凑个满减，计算器敲得梆梆响，大脑 CPU 狂转，而富人倒看起来不太会计较成本，到了就买、买了就走，看上去有钱、傻。但真的是这样吗？当然不是。

富人不算这些账，并不是他不在乎，而是他心里有一本更大的账本。在这个账本里，不光有这些券，还有自己的时间、精力等诸多成本，他经过核算后，发现自己不计较反而更划算，所以才到了就买，买了就走。

这里其实还附加了一个思维，叫短视思维——思维之间其实是互相联系的，就像人大脑里的神经一样，都是互相交错、互相影响的，我们要学习财富逻辑，其实就是建立一套严密的思维框架，要多注意这种思维之间的纵向联系。

短视思维，表现出来就是短视：只计较眼前的得失，而看不见远处的利益。生活中随处可见这样的例子。每年双十一，为了凑满减占平台的便宜，耗费我们大量的时间不说，还买了一堆没有用的东西。退吧——喊快递上门真麻烦，还要自己出运费；不退吧——为了凑单买的，真心用不到，开开心心的购物反而成了负担。

说到这里，其实大家已经感知到了，穷人为什么没有成本思维，根本而言是因为他的短视思维影响了他，让他只看得到可量化的成本，比如省了多少钱、占了多少便宜，而看不到潜在的成本，比如自己的时间、精力、囤货所占的房子面积等等。

总结而言，要想建立成本思维，一定要打破你的短视思维，一是要看得更远，二是要看到那些冰山下的成本。大作家茨威格为法国的玛丽皇后写的传记《断头王后》里，有这么一句在网上很火的话，“她那时还太年轻，不知道所有命运赠送的礼物，早已在暗中标好了价格”。是的，免费的、付费的，所有摆在你面前的东西，都已经标好了价格，要学会用成本思维核算，才不会越活越穷。

增量思维

先问大家一个问题：假如睡一觉醒来，你的工作、存款、房子、车子……这数年来的积累都没有了，只剩下你自己，你有信心重新开始吗?

我先来回答，我有信心，因为“我”还在。“我”不是几十年前像张白纸一样的我，而是积累了无数的思维方式，积累了无数的知识和技能的我。所谓“授人以鱼不如授人以渔”，只要“渔”还在，就不怕没有鱼。

我们经常看到这样的新闻，有人中了几百万、几千万的大奖，但最终都无一例外又变回了穷人。为什么呢？因为从天而降的金钱，只是改变了他们手中“鱼”的数量，并没有改变他们心中“渔”的思维。有人挥金如土，花个精光；有人抠抠搜搜，却一夜被诈骗。

什么叫增量思维?

与存量相对的叫增量。存量和增量，都是经济学中的词。存量，简单来说，就是指截止到某个时间点，过去所积累的所有资源的总数量；而增量，则是指某一段时间内，资源增长的变化。通俗点来说，存量就是你有多少；而增量是，你未来还能有多少。

举个例子，穷人和富人都喜欢花钱，但花钱的方式却大为不同。穷人因为金钱有限，更注重即时性消费，买衣服、买包，以我有多少钱来考虑我花多少钱；但富人却不同，他的花钱思维是，我花出去的每一笔钱能为我带来多少价值。比如，有一个专业课程的培训，有价值也很贵，穷人思维会只看到价格，而富人思维则会从不同角度对课程进行成本核算，确保价值大于价格。从这个角度来说，增量思维，其实是成本思维的另一种变异。

自我投资，其实是最经常使用增值思维的场景。钱的价值在于购买力，如果你能用有限的钱买到无限的机会，即使这笔钱花光了你的积蓄，但它所能为你换来的价值，也是无可估量的。当然了，增值思维难的不光在于思维方式本身，还在于与其他思维方式配合后，所磨炼出来的独到眼光，它能帮我们准确判断机会的价值。

世界石油大王、世界第一个亿万富翁洛克菲勒去世时，他的财富占到美国 GDP 的 1.5%。前几天在读他的《一生的财富：洛克菲勒写给儿子的 38 封信》，在书中他说了这么一句话："即使把我的衣服脱光，放到杳无人烟的荒漠中，只要有一个商队经过，我便又会重新成为百万富翁。"这便是增量思维。

价值思维

在我们刚走入职场的时候，想必都在网上听到过这样的建议：千万要和领导搞好关系；要培养人脉；学会社交，人际关系最重要……这些建议不能说不对，但如果你只听这些，那你也很难拥有财富。

拥有穷人思维的人迷信人际关系，总觉得如果自己认识某个大佬，自己也就特别厉害，但其实没什么用。说句难听的，大佬一天见的人比你一年见的人都多，你有什么本事，能让大佬记住你呢？而记住你，你又能为他带来什么呢？

我在刚工作的时候，就吃了人际关系的亏——不是不爱社交，而是社交太多。看起来和公司的同事都认识，和行业里的一些前辈也加了微信，但后来我要跳槽的时候，没一个愿意搭理我的。后来我的前领导看不下去了，拉着二十出头的我吃了一顿饭，说了这么一句话：社交也好，人际关系也罢，其实人与人交往最本质、最忠诚的关系，是价值交换。

从那顿饭以后，“价值”两个字就在我心里生了根。价值思维，是我认为所有思维中，最基础也是最有用的一个。尤其是，如果你本身是一个内向的人，更没必要勉强自己去强行融入圈子。我认识的很多有钱人、有资源的人，反而最不喜欢那种倒贴上来的，他们认为这些人将自己的时间浪费在了社交上，那又怎么会有精力积累自己的能力呢？

现代商业社会大部分都是互利思维，通过价值交换，我们都拿到彼此想要的东西，实现共赢。所以，要想在商业社会中取得财富，最重要、最关键的，还是建立自己的价值，有什么东西、能力，是你有而别人没有的？是别人有但你更好的？这才是你的核心。

阿基米德说过，“给我一根杠杆，我可以撬起整个地球”。我说，“只要我有价值，我可以让马云来找我”。

逆向思维

人的思维方式，就像是车道。穷人思维是习惯线性思维，往前看、往人多的地方看、往看起来更安全的地方看。而富人思维则是逆向思维，往后看、往人少的地方看、往真正安全的地方看。逆向思维，我也习惯将它称之为反人性思维。

我们人人都知道一个历史故事，叫“司马光砸缸”。当一个人落入水中，常规的思维模式是：快，把人捞出来！口太小捞不出来啊，那咋办？但司马光却跳出了这套模式，通过砸缸，把人救了出来。在这个故事中，难的不是砸缸这个动作，而是如何想到砸缸的这个思维，司马光此时所运用的，便是逆向思维。

逆向思维有这么几个特点：

普遍性

逆向思维，其实是对哲学中对立与统一规律的应用。想要快速培养逆向思维能力，可以先试着从对立与统一的角度来转变。举个例子，性质上的逆向：长与短、宽与窄、硬与软等；位置上的逆向：左与右、上与下等，可以通过这种举一反三的日常逆向思考，来逐步培养自己的逆向思维。

批判性

逆向思维，之所以叫作逆向，是与常规的正向思维比较出来的。所以，逆向思维也是一种批判性思维。批判性思维并不是要去批评谁，而是一种更深刻、更理性的思考方式，它能帮助我们将一个现象看得更透彻，将一个事件分析得更精准，能让我们跳出常规思维的局限性，看到新的东西。

创新性

大家之所以阅读本书，除了想要追求财富，我想更重要的是想要培养一套新的财富底层逻辑。而逻辑，便是由不同的思维模式所构成的，逆向思维便是其中最具有亮点的一种。就像司马光砸缸一样，如果你掌握了逆向思维，便能对一个问题，提出不同的解决方法，这不论是在创业中，还是在工作实践中，都会成为你的个人优势。

前几年互联网发展得轰轰烈烈，这几年元宇宙还有 AIGC（Artificial Intelligence Generated Content，是指生成式人工智能，基于生成对抗网络、大型预训练模型等人工智能的技术方法，通过已有数据的学习和识别，以适当的泛化能力生成相关内容的技术。）又紧随其后，如果你仔细研究过跟随时代浪潮出现的产品，你就会发现每一个都有逆向思维的身影。因为逆向思维，是最容易带来创新的思维模式。

小结：

4 个富人思维：

成本思维：所有摆在你面前的东西，都在暗中标好了价格，要学会用成本思维核算，才不会越活越穷。

增量思维：花出去的每一笔钱，能为我带来多少价值？

价值思维：人与人交往最本质、最忠诚的关系，是价值交换。

逆向思维：反其道而思之，路就在前方。

二、实现财富自由不能仅盯“钱”

有这么一句话很有名：真正厉害的人，拼的不仅是他看得见的硬实力，更重要的是他隐形的软实力。同样，在实现财富自由的路上，看得见的“金钱”固然是重要的，但看不见的“财富软实力”才是关键！

职场上，本以为自己经验丰富、能力颇强，对项目成竹在胸，却没想到被一个不显山露水的新人抢了过去。

生活里，明明大家都是同一起跑线上的朋友，但数年之后，彼此却发生了天翻地覆的变化，有人凭借行业口碑拿到了年薪百万的offer，有人已经有了个人IP，并且成功变现……

现在仔细想想，是我们能力不如他们吗？倒也未必，能经常混在一个圈子里的，谁比谁又差得了多少呢？之所以产生这么大的差距，其实是你们之间软实力的差距。

在经济学里有这么一句话，叫：你永远无法赚到你认知以外的钱。什么叫认知，举个例子，认知就像是一个水桶，而财富就是装在桶里的水。水桶越大，装在桶里的水才会越多。也就是说，认知越高，能获取的财富就越多。

这也是我们这本书一直反复在强调的东西。重复是学习中最笨但却最有用的方法，如果你读完这本书，能记住认知很重要，那已经完胜很多人了！

在经济学里还有一个词，叫效率比。效率比应用到我们的生活中，即用最小的成本，撬动最大的价值。而要应用效率比，唯一的要求，就是认知。你需要看透纷繁复杂的事物表象，需要明白事物发展的基本规律，需要掌握思考的底层逻辑，才能在无数个选择中，做出最具效率比的那一个。这样的认知，便是软实力。

什么是软实力？

硬实力和软实力，最常在国家与国家之间进行比较。对于一个国家来说，硬实力指GDP、硬件基础等，而文化水平、道德修养等则被看作是软实力。将这个概念迁移到个人身上，硬实力也很好理解，年龄、外貌、学历、技能等，有明确的标准和门槛；而软实力，则与之相反，是一种看不到摸不着，看起来虚无缥缈，但一开口就会立刻暴露的东西。一个人的硬实力和软实力，就像是计算机的硬件和软件一样，谁也离不开谁，都在成功中占有不可或缺的地位。

但在现实生活中，我们往往过于注重硬实力，努力提升学历、外貌、技能，反而忽略了软实力的装备。如果一台计算机硬件很强，却没有任何软件，它能用来干什么呢？看起来很厉害，但其实什么都干不了。这也是招聘市场上，很多高学历的研究生、博士生，反而不受欢迎的原因。很多人知识和学历有了，但有的是死知识，有的是靠死知识换来的高学历，软实力却一塌糊涂，甚至根本没有软实力这个意识和概念。

在我看来，这两个软实力，是最重要的。

第一，终身学习的能力。

请注意，我所说的是终身学习的能力，不是考试的本事。会考试是一种技巧，但并不意味着会学习。伟大的哲学家叔本华曾说过这么一句话："世界上最大的监狱，是一个人的思维。"而学习，就是不断迭代思维方式，不断打破自己的认知，又将自己的认知重组的过程。

有一个词语叫作"知识诅咒"，是说一旦我们了解了某种知识，就很难站在没有掌握这个知识的人的角度，去思考和理解他们的思维。这是一种知识诅咒，还有另外一种知识诅咒，是你所掌握的知识，反而限制了你的进步。

我前面说过，学习是不断打破自己的认知，又将自己的认知重组的过程。如果你是一个一无所知的孩子，你会很容易就接受他人的观点，因为你知道自己一无所知；而如果你是一个有所成就的专家，你是否还会乐意接受他人的想法呢？我想，你可能连让他开口的机会都不会给。你过往所掌握的知识，为你建造了一所坚固的思维之房，将你困在了其中。

所以，在很多大师级的学者进行分享时，我们总会发现他们有一个共同点，那便是谦卑。无论他们面对的是旗鼓相当的同僚，还是一无所知的幼童，他们总是谦虚地去聆听对方的观点。即使对方的观点是错误的，他们也并不是着急反驳，而是去反向推断，这个人为什么会以这样的方式思考，为什么会说出这样的话。

这种谦卑的态度，抽丝剥茧的思维方式，才是我今天所要分享给大家的"学习"。

古语有云，"读万卷书，行万里路"。学习，不只是捧着一本书，学海无涯苦作舟；学习，还是保持一颗好奇之心，在实践中运用理论。我因为工作的原因，认识很多学历很高，也读了许多书的人，但平心而论，他们并不比我老家当了一辈子农民的叔叔认知更高。原因大家都知道，马克思说了，实践出真知！

有人说，这个世界上其实只有三类人。第一类人，从来不努力；第二类人，今天努力明天不努力，轮岗勤奋；第三类人，则是今天、明天、后天……日日努力。

现在，请诚实地问自己，你属于哪一类？我想至少应该是第二类吧。愿意读书，并且真正捧起书的人，定是对自己有所要求，也是内心勤奋上进的人。今天努力，并不难，明天努力，也不难，难的是一日复一日的努力。人与人本身没有区别，但当你每天多学习那么一点时，慢慢的，你也就超越了许多人。

学习本身就是一件反人类的事情——大家有没有发现，所有让你思维成长的事情，都是反人类的。学习是，运动是，挑战是，因为只有反人类，才能逆流而上。顺着人性来，那不就是随波逐流了吗？

第二，保持阅读长篇文章的能力。

咦，你前面不是说，阅读没什么用吗？不，我前面说的是，阅读只是学习的一部分，强调的是实践很重要。而阅读本身，仍然很重要，重要到我必须单独拎出来讲。

现在随着技术的发展，获取信息的方式越来越多，可以读书、读公众号、听播客、听书、看视频等等。但是，我仍然认为，保持阅读能力，尤其是长篇文章的阅读能力，至关重要。

可能有人觉得，这就是老人家的思维方式，没有跟上时代，视频多有意思啊，播客多方便啊。是的，这些我都不否认，但我仍然坚定地认为阅读高质量的长篇文章，是最锻炼大脑思维的能力。

什么是思维？思维不是知道具体某个知识，因为我们不是图书馆，也没必要当图书馆，网络已经储存了所有的东西。那思维是什么？思维是见一知三，是见山知水，是透过海面上的冰块看见深藏其下不可见的冰山。在阅读长篇文章的过程中，便能够很好地练习到我们这种思维。

平日里多阅读，一时半会儿也许看不出什么进步，但改变在于积累，在于日复一日的坚持。就像我们的古人所说，“胸藏文墨虚若谷，腹有诗书气自华”。凡事怕认真，更怕锲而不舍，每天坚持长篇阅读，你的思维方式，一定会有所进步。

当然，最好的长篇文章，自然是书籍。实不相瞒，我在2021年的时候，一口气读了100本书。是不是很夸张？是不是想怎么可能？我自己年底统计的时候也吓了一跳，怎么我也变成了网上传说的那种人。

后来我分析了一下，其实一年100本书真的并不多。现在手机都有屏幕使用时间，你们可以计算下你每周、每年花在短视频上的时间，仅仅只计算短视频，你就会震惊于时间之多。如果用这些时间来读书，一本500页的书需要读4个小时，能读多少本？

说起读书，很多人并不是不想读，而是万事开头难。就拿我自己来说，我以前喜欢读文学小说，品风花雪月、爱恨情仇；长大点喜欢读政治学、经济学、社会学，想要了解我所生存的社会到底是怎么一回事；再后来便开始阅读历史学、国学经典，开始从流传千年的经典中，寻找生活的母题——生命的意义、人的价值。

纵观我的阅读历程，其实是比较朴素的两个词——兴趣和需要。在当下，对什么主题感兴趣，就去读相关的书；需要什么主题的书，就去读相关的书。在这个过程中，千万不要觉得无用，也千万不要觉得功利，在这个世界上，很少有什么事情，是真正无用的，也很少有什么事情，是纯粹功利的。

现在很多年轻人很焦虑，其实不只现在的年轻人，是每个人在每个阶段都会焦虑。20岁有20岁的烦恼，30岁有30岁的忧愁，40岁有40岁的压力，50岁有50岁的忧伤，焦虑是活着就不可避免的事情。所以，与其对抗焦虑，不如接纳。

我在焦虑的时候，很爱干两个事情，很有用。一个是阅读，埋头沉浸进去，将自己与喧闹的世界隔离开，再出来的时候焦虑会减少很多；另外一个则是看人敲石头。在我们老家，以前会有工匠敲石头，敲石头是件比阅读还无趣的事情。石匠在石头上敲个不停，很可能敲一百次、一千次，石头都没有任何变化，但在第一千零一次的时候，突然石头就会裂成两半。

“不积跬步，无以至千里。”石匠师傅说，你不知道这是最后一次敲对了地方引起的变化，还是前一千次的积累，共同造成的质变。我觉得很治愈我，也希望能够治愈看到此书的大家。

财富是世界上最稀缺的资源，普通人要追寻这种资源，前路是漫长而遥远的，也是漆黑而艰辛的，我们不仅要口袋里有钱，更重要的是，我们头脑中要有路线图。如何走，才能走得更快；如何走，才能走得更久；如何走，才能遮风避雨，这些都是我们该知道的事情。

三、勤劳但不一定富有

“总想对你表白，我的心情是多么豪迈”

“总想对你倾诉，我对生活是多么热爱”

“勤劳勇敢的中国人，意气风发走进新时代”

“啊，我们意气风发，走进那新时代”

……

想必每个人都对这首歌耳熟能详吧。尤其是我这个年纪的人，从小便是听着这首歌长大的，从小便养成了一个深刻的印象：我们中国人，是全世界最勤劳勇敢的人；我们中华民族，是全世界最勤劳勇敢的民族！

与此对应的，还有吃苦耐劳、艰苦朴素、天道酬勤、劳动最光荣等等，这些都是我曾坚信不疑的真理，直到长大后，当我踏入经济学的大门后，当我翻开经济学的课本后，我对“勤劳”“吃苦”便产生了深深的困惑。为什么呢？因为我发现，你勤劳一定饿不死，但你不一定会富有！

放眼全世界，我想没有哪个国家、哪个民族，敢说自己是最勤劳的。对于中国人的勤劳，英国《卫报》写过一篇长文，翻译过来叫《中国人工作，到底有多努力》。在这篇文章中，英国的卫生大臣杰里米·亨特发言，说受到他的中国妻子的启发，强烈建议英国人向勤劳的中国人民学习，勤奋工作、努力上班，才能像亚洲经济体那样繁荣发展。无独有偶，2022年马斯克收购推特后，第一道命令就是，加班！向大洋彼岸的中国程序员们看齐！做一个勤劳勇敢的程序员！

根据数据显示，中国人平均每年的上班时间，高达2600小时；一线城市的上班族则更甚，高达3500小时左右。我们来算下，一年一共8760个小时，平均每天睡7个小时（正常应该8个小时，但怕是很少有人能睡够），耗费掉2555个小时，平均每天通勤2个小时，耗费掉730小时，只剩下1975个小时……

而中国最勤劳的人，大家想必都知道是谁吧。2013年，中国农民工平均每天工作8.8个小时，近八成以上的人每周工作40个小时以上，但人均月薪大家知道是多少吗？仅仅2000块钱，合计270英镑。

可能很多朋友不知道，我们现在看到的数据，其实已经是中国人工作时间持续下降三十年后的数字了，有人说这相当于20世纪50年代欧美的水平。而与此同时，疫情前英国人每年平均工作时间为1677个小时。就在2023年，英国还提出了一周四天工作制，预计未来平均工作时间又要大大减少，而我们中国人，也将继续领跑全世界的工作时长，成为超长待机的勤劳民族。

现在问题来了，这么勤劳的我们，为什么还是不富有呢。

这是我学经济学后遇到的第一个问题。很久以前，有个大学者也被这个问题困扰，于是他出了一本书，他就是耶鲁大学的陈志武教授。在这本名为《为什么中国人勤劳而不富有》的书里，他将其归结于不发达的社会制度。因为制度不利于市场交易，所以我们的勤劳，只是成为对冲制度的成本。

举个例子来说，乾隆时算是盛世王朝了吧。乾隆中期（1766年），国库收益有4937万两白银，约11.4亿美元；而在2007年，有家企业的创始人一年收益就超过了14亿美元！当然了，这里面存在通货膨胀等诸多因素，但一个国家与一个企业家之间，本身就是巨大的差距了。

这两者之间的区别，便是由国家制度所造成的巨大差别。就像作者陈志武教授所说，"在国家体制不完善的时候，个体是很难崛起的，因为只能依靠劳动力创造价值"。也就是说，在低效的制度下，你跑，追不上人家，但你要是不跑，你连人家屁股都看不见。

回过头来说，当时的勤劳所导致的贫穷是制度所造成的，那今天呢？在今天已经趋于完善和成熟的制度下，为什么这么多勤劳的人，仍然并不富有呢？因为他们理解错了财富和勤劳的关系。它们只是具有相关性，并没有因果性。除此之外，对于财富和勤劳，我们还经常存在着几个根深蒂固的认知错误。

错误认知一：劳动创造文明

首先，我们要对劳动进行准确的定义。如果劳动只是纯粹的觅食，那并不是劳动创造了文明。因为如果劳动等于觅食，自然界中的所有动物为了生存都需要觅食，但除了人类外，并没有再见到其他物种的进化。

因此，并不是纯粹的劳动（觅食）创造了文明，而是理性，由觅食延伸出来的思维认知，创造了文明。人的劳动，并不是被动的、麻木的行为，而是需要思考的。

《人类简史》的作者尤瓦尔·赫拉利说，人类懂得分工合作，懂得建立规则。是的，人类因为想实现更高效的发展，不断迭代自己的思维，创造了货币，创造了政府，一点一点创造了今日我们所需要的一切。

这种思维能力，是其他动物不具备的。很多人读到劳动创造文明，下意识以为是狭义的体力劳动。但其实并不是，真正创造文明的是劳动背后的理性思维。同样，人也是通过理性思维来创造价值的，勤劳有时候只是理性思维的外在体现罢了。

错误认知二：勤劳是人的天性

批评一个人时，我们经常会用到这几个词：好吃懒做、好逸恶劳、贪图享乐，诸如此类。在使用这些词语时，我们似乎预设了潜在的逻辑，勤劳是人的天性，不勤劳便是万恶之源。但事实却正好相反。我们绝大多数人的勤劳，其实都是为生计所迫。如果不愁吃不愁穿，有房子住有车子开，还有人愿意成为一个勤劳的人吗？我想不会的。

同理，勤劳致富到今天，也已经是个伪真理了。在我的老家，那些种地的老人们，早上天不亮就起来，晚上天黑了才扛着锄头从地里回来，但他们一年赚的钱可能都没有我一个月多。平心而论，我再勤劳，能比得过他们吗？

财富是由价值创造的，勤劳是实现价值的诸多方式之一，且是最廉价的一种方式。因为人人可以勤劳。我们从小被教育要吃苦耐劳，人生下来就是受苦的，诸如此类的认知已经牢牢刻在了我们的大脑中，然而靠勤劳创造价值的路已经塞满了人。

孟子有云，“食色性也”。先跟大家解释一下，“食”在这里，是喜爱的意思。这句古话的真正意思是，“喜爱美好的事物，是人的本性”。什么是美好的事物？哼哧哼哧搬砖肯定不是，躺在草坪上看云肯定是；早上 6 点起来挤地铁肯定不是，但 6 点在泰山看日出肯定是。

所以，勤劳，从来不是我们的本性。勤劳之所以被鼓吹为人的本性，无非是当初的统治者用来统治的手段罢了。“劳心者治人，劳力者治于人”，当你没日没夜辛勤劳作时，你还有精力思考吗？当你不会思考的时候，也是封建帝权最稳固的时候。就像对于秦始皇而言，如果不鼓吹百姓勤劳，谁为他修那长城呢？对于汉高祖刘邦来说，如果不鼓吹人民勤劳，谁愿意出军塞外征战沙场呢？

我有个朋友经常说，“人之初，性本懒”。听起来不对劲，但仔细想，倒有那么几分道理。我们仔细观察商业世界，当互联网浪潮来袭的时候，崛起的都是哪些企业呢？让人们足不出户就能买到东西的淘宝、让人们足不出户就能吃到东西的美团、让人们花最少的钱打到车的滴滴……当你还在勤劳的时候，已经有人看透人类懒惰的本性，创造了自己的商业版图。

错误认识三：投机取巧，不道德

我身边特别多的学生，都抱着这样一种观念：不亲自干活，靠着压榨别人赚钱，就是投机取巧，就是偷鸡摸狗，不道德！每次他们这样说，我都默默闭上了嘴，思维认知太低，我得先喝一杯茶，从头开始讲起！

其实，投机取巧，是一种经商的方法。而这个方法之所以被社会认定为贬义，只是因为在过去的上千年里，商业一直是被打压的。士农工商四大等级，商人是排在最末等的，与做生意相关的词语也都多为贬义。今天的我们，当再看待这些词语时，要学会褪去价值观的道德判断，学会从商业利益的角度，来分析它的可行性。

没钱，有能力，只能空叹气；而有钱，不会经营，好点叫守财，坏点就叫败家了。就像一条鱼，在你的手里，就只是一条鱼，最多做成红烧鱼；而在商人的手里，既可以做成菜，还可以用来观赏，说不定恰好还有一个大老板就喜欢这类鱼，一倒手狠赚一笔。

这种行为在你看来叫投机取巧，但其实这里面隐藏的正是经济学中的资源配置能力。首先，你需要有资源；其次，你需要有判断，什么资源放在哪里收益最高，这其中的门道，可不是简单用“投机取巧”四个字所能概括的。

如果大家有兴趣，可以去读读一些企业家的传记。读几个你就会发现，企业家十个里有九个，都是从“投机取巧”开始。因为一个意外的机会，赚到了自己的第一桶金，雪球由此滚起来，最终形成一个巨大的商业王朝。这个时候，你还会看不起投机取巧吗？

其实这一节，整篇都是从不同的角度，告诉大家富有与勤劳不是因果关系。但是人的认知其实是很难改变的，一节的内容也未必能说服大家的大脑。毕竟我们都已经进入市场经济这么久了，但这些上个时代流传下来的“勤劳观”仍然大行其道，仍然在人们的头脑中占有一席之地。这种观念上的谬误，其实远比“贫穷”本身可怕。

有一本书叫《贫穷的本质》，里面研究了全世界贫穷的人们，最终得出了一个结论：穷是遗传的。为什么？因为观念和认知是遗传的。在一个相信只“勤劳致富”的家庭长大的孩子，你又如何能期待他能实现财富自由呢？

四、选择比努力更重要

在《战国策》中，有这么一个小故事，很适合作为本小节的开头。

故事是这样的，魏王想攻打赵国，魏国大臣季梁觉得有问题，想劝说魏王放弃这个念头，于是跟他说："微臣今天上朝的时候，在魏国的街道上遇见了一个游人。他驾着车，一路往北边走。

"臣问：'驾车要到哪里去啊？'

"游人答：'我打算去楚国。'

"臣问：'你打算去楚国，可是为什么往北走呢？楚国在南面哪。'

"游人答：'没关系。我的马是天下最快的马。'

"臣答：'你的马固然是天下最快的马，但这不是去楚国的路呀。'

"游人答：'没关系。我也准备了很多的路费。'

"臣答：'你的路费固然多，但这仍然不是去楚国的路呀。'

"游人答：'没关系。我的马夫驾车技术也是天下最好的。'"

……

故事讲到这里，大家应该都知道了吧，这就是成语"南辕北辙"的故事。当时魏国大臣季梁想通过这个故事劝说魏王以德服人，而不是以武压人。今天我想通过这个故事，告诉大家选择的重要性。

马云很厉害，但如果他当时没有选择互联网，他未必是今天的马云。李嘉诚成功了，但他如果没选择创业，现在可能也不过是个寂寂无名的小伙计。

人生处处是选择，昨日的选择奠定今日的成就，今日的选择决定明日的结果。一旦在大的人生路口选择错了方向，那就像魏国那位游人一样，纵使有天下最快的马、有最多的盘缠、有最好的马夫，也不过是离楚国越来越远罢了。

不过，选择固然很重要，但只要做对选择就一定能成功吗？当然不是。人们总喜欢将选择和努力放在一起讨论，总想将两者比较出个高低之分。如果非要比，平心而论，我认为选择比努力更重要。但在成功的路上，在追求财富自由的路上，从来不是只有其一，没有其二。所以，在本节，我更想告诉大家的是选择和努力的关系，以及如何在不同阶段利用选择和努力互相配合，实现财富自由！

努力是财富自由的船身

我先来问大家一个问题，现在有两份工作机会摆在你的面前，你会选择哪个？

第一个：工作岗位与你的专业匹配，工作内容你也感兴趣，工资不错，未来发展前景也不错；

第二个：工作岗位与专业不匹配，工作内容也不会，待遇也一般，也没什么上升空间。

你们会选择哪个呢？

你们肯定会说，这还用选？肯定是第一个啊。是啊，所有人都会选择第一种，但在现实生活中绝大多数人得到的却是第二种。

为什么呢？因为我们还没走到选择这一步，就已经被淘汰了。

第一份工作往往有很高的门槛限制，名校毕业、研究生学历、几年相关工作经验，重重笔试、重重面试，才有机会拿到offer；而第二份工作呢，几乎只要你愿意投简历，就可以得到了。

很多坚信选择最重要的人，都有一本圣经，叫《成功是道选择题》，作者是现代的选择学大师迈克尔·雷。书中有这么一句话很经典，“选择很重要，但努力才是选择的基础。只有持续不断地努力获得足够的人生积累，我们才有选择的机会和能力”。

很多人往往只读到第一句“选择很重要”就合上书去冲了，哪知后面还有这半句：不努力的人，没有选择的资格。就像我之前讲过的敲石头的故事，选择什么角度敲固然重要，但只有持续不断地完成敲这个动作，最终才有可能将石头敲碎。

但努力这件事，其实也有很多门道可以讲。努力并不是埋头闭眼苦干，而是计算收益并高效地去努力。

低质量的努力 = 无用功

不知道大家平常喜欢运动吗？我个人很喜欢跑步，因为我非常喜欢运动的“极点”。所谓极点，就是人在剧烈运动初始阶段，由于身体体能的原因，会很容易产生疲惫感，包括但不限于浑身酸痛、呼吸不畅、心情低落等，在初始阶段会觉得运动简直是世界上最痛苦的事情（仅限本身不喜欢运动的人），但一旦坚持过这个阶段后，就会变得非常轻松，不论是身体机能还是心情都特别爽！而这两个阶段的临界值，就是极点。

极点出现的原因有多种解释，我比较欣赏的一种是因为人性本懒，初始阶段的抗拒感是人的一种自我保护，其目的就是为了让你早早放弃。因此，这种极点也不只是在运动中出现，在学习、工作、人际关系、习惯等很多地方都会出现。而很多人，正是把大量的精力耗费在了极点前的初始阶段，宁愿隔靴搔痒，却始终不愿也没有突破极点。

为什么呢？因为这样不仅看上去我努力了，而且努力的时候也没有那么痛苦。比如学英语时，边追剧边背英语单词，却死活不愿意开口对话；工作时，埋头苦干疯狂加班，却坚决不愿意复盘思考，这些都是看似努力实则无效努力的例子。

人性本懒，要从初始阶段跨越极点进入第二阶段，是非常痛苦的一件事情；而根据上一小节的讨论，我们的文化本身又很鼓励勤奋努力，两个叠加在一起，我们无形中就会陷入无效努力的旋涡之中。还记得高中课堂上你记的笔记吗？把老师的话一字一句记了下来，但最后考试还是一塌糊涂，这些都是一样的道理。

邓超有部电影叫《银河补习班》，里面有句台词让我印象深刻：人生就像射箭，梦想就像箭靶。如果连箭靶都找不到，你每天拉弓还有什么意义？这让我想起我刚毕业的时候，每天都在拉弓，每天都在射箭，但没有箭靶，我又如何判断自己是否射中呢？

努力是财富自由的基础，但前提是，你在正确的选择下，真正地努力了。否则，你的努力或许只是竹篮打水一场空罢了。而至于如何判断自己是在无效努力还是有效努力呢？很简单，复盘每一次努力，思考每一次努力。磨刀不误砍柴工，复盘让你的努力更有效果。

选择是财富自由的船帆

方向错了，可能永远到不了终点。

不知道大家现在还听过“柯达”这个品牌吗？2000 年时，柯达利润高达 143 亿美元，是 2001 年佳能利润的 10 倍，是胶卷行业绝对的王者。

但柯达选择错了，就像南辕北辙的那位魏国游人，越强也不过是倒下得越快罢了。随着互联网浪潮崛起，数码时代来临，柯达本来有很多次转型的机会，但它却一次又一次地选错，直到在2013年申请破产。

对于一个曾经的行业霸主来说，我们可以评判柯达不够努力吗？当然不是。当你所处的行业正在没落时，那么不管你有多优秀、多努力、多厉害，也难抵颓势。这就像是一辆即将抵达终点站的火车，无论车上的客人是谁、司机是谁，都无法阻止它停下来，也都必须要下车。

对于人生，有各种各样的比喻。我认为人生最像没有赛道的马拉松，在这场比赛里，处处是赛道，处处是分岔路口，每一次选择都影响了你的下一次转折。尤其是在大学、专业、行业、结婚，这些大的分岔路口，一次选择影响了你半生的努力。

在经济学中，有一个投资理念叫"价值投资"，股神巴菲特便是价值投资的忠实信众。很多人也去学习价值投资，但却很少有人能像巴菲特一样有那么高的收益。为什么呢？巴菲特老爷子自己回答了这个问题：因为没有人愿意慢慢变富。

很多人选择了价值投资，又在半途受到各种各样消息的诱惑，选择拐弯去了新的分岔路口；而一旦走上新的路，那就与最初的价值投资背道而驰了。人生的终点有很多个，但财富自由的终点只有一个，如果你在关键的分岔路口做了错的选择，那很有可能就永远无法抵达终点了。

扬帆起航，驶向财富自由

"千里黄云白日曛，北风吹雁雪纷纷。莫愁前路无知己，天下谁人不识君。”

大家可知道这首诗的作者是谁？正是著名的大唐边塞诗人高适。纵观高适的人生，也经历了选择与努力的互相成就。高适幼年丧父，按照计划他本来是通过科举考试博取功名，但大唐人才济济，他第一次科举考试就落榜了。按照我们的思路，才考了一次而已，我们再接再厉继续努力，定能成功上岸。

但高适可不是这样想的。此时正逢北方游牧民族进犯大唐，他在对当前考试的成功率、自身的武学等做了综合判断后，决意弃笔从戎，通过军功来改变命运。但计划赶不上变化，他在边塞并没有如想象中那般以一敌百、赢得军功，待了两年后，仍然没混出什么名堂。

天生我材必有用，此处不留爷，自有留爷处。他的这些选择被一个刺史张九皋看在了眼里，因赏识推荐他去做了一个地方小官。有官做，依照我们来看，等着稳稳升迁呗。但高适拒绝，他觉得这样的小官生活没有意思，再次辞去官职，奔赴边塞。

从第一次科举考试，到二度奔赴边塞，高适这次终于做对了选择。他受邀加入哥舒翰幕府任掌书记，从此一路开挂，终成为将军身边的高级参谋。

为什么举高适这个例子呢？因为我们的人生大多数都和高适一样，边选择边努力，边努力边选择，在不那么顺利的发展中，最终取得成就。借由这位边塞诗人的人生，我想告诉大家人生没有回头路，人生也没有谁比谁更重要，努力重要，选择也重要。

所谓选择，只是足够的努力过后所赢来的奖励；而所谓努力，也只有在正确的方向上，才有意义。所以正如我开头所说的，一个人想要实现财富自由，是需要选择和努力的互相配合。选择和努力是财富自由的左膀右臂，相辅相成。

很多人看似因刹那之间的选择走向人生巅峰，但其实背后皆是多年废寝忘食的努力罢了。在我看来，努力是一艘船，而选择则是船上的帆，一艘好船必须要与好帆配合，才能扬帆起航，驶向财富自由的人生彼岸。

第四章

创造财富经典六条法则

一、优秀的品格是成功的基石

在现实中，一夜之间实现财富自由的概率很小。即使是中彩票，也需要长年累月的坚持提升概率。所有实现财富自由的人，都是通过超脱常人的聪明与坚忍不拔的努力，而逐步实现的。

风靡世界的英国摇滚乐队披头士，在凭借单曲《请取悦我》成名前，他们已经在音乐的道路上辛勤耕耘了整整六年；著名的咖啡连锁大佬星巴克，也是在艰苦创业十年后，拥有了上万家连锁店，在全世界四十多个国家，插上了绿色的女妖旗帜！

纵观这些成功者的发展历程，他们都是在已经拥有聪明才智的基础上，不断坚持、创新、努力，最终铸就一段传奇。成功是财富自由的附属品，任何的成功不是一蹴而就的，任何的财富自由也不是一夜之间建立的，它们都需要日日月月年年的不懈坚持，从而在风起浪涌的现实中扎根生芽。

大家听过竹子定律吗？竹子生长时，前四年的时间，仅仅只会长几厘米。从第五个年头开始，竹子会突然以每天三十厘米的速度飞速生长，最后将在六周内，长到十几米之高。从表面上看，只有竹子露出地面，人才能看到它的生长，但其实在前面的四年，竹子在地底下的根向四周绵延了几百平方米。

竹子生长是如此，做事做人同样如此。

老子在《道德经》中就曾说过，“大器晚成”，最隆重的器皿，往往需要经历千万道程序，需要数年乃至数十年的心血而成。引申到这里，便是要想实现不能轻易实现之事，比如成功、比如财富自由，那必然要经历像竹子一样的磨砺。就像“天将降大任于是人也，必先苦其心志，劳其筋骨”。

像竹子这样的品质，我将其称之为“耐心”。大事需要耐心，这世界上有多少人选择对了路，但最终因为没有耐心，没有熬过那扎根的四年，最终错失势如破竹的未来？不过耐心固然重要，但实现财富自由需要的，除了耐心还有很多。

优秀的品格是成功的基石，这句话听起来很烂俗，像是成功学的鸡汤。但你有没有想过，为什么这句话如此烂俗，却又如此流行呢？原因很简单，大道至简，大道也至俗，因为这句话的的确确是对的。只要是对的话，哪怕再烂俗，我们也必须要听。

因此，本节我将为大家分享除耐心外，实现财富自由最重要的三个品格。这三个品格你都听过，但你从未理解，或者你理解，但你从未实践。不如从本节开始，试着理解并且实践吧。

优秀的品格一：财富自由需要谦卑的心

古语有云，“败坏之先，人心骄傲；尊荣以前，必有谦卑”。

什么叫谦卑？很多人对于谦卑的理解，是对领导毕恭毕敬，对有钱人躬身服从，总之是要出卖自己灵魂的卑劣品质，但其实并不是。一个谦卑之人，他失败时，有勇气承担责任，有智慧看清事实，不甩锅不杀驴；他成功时，不骄傲自满，听得进去不如自己的人的劝告，也不盲目听从比自己厉害的人的诱导。一个谦卑之人，他有一颗开放的心，能装进去所有正确的，也能装进去所有错误的。

古代有位神医，名叫扁鹊。他有一手好医术，能够妙手回春、起死回生，是一个自身实力非常强的人，人人都很尊敬他。有一次，齐国国君想要封赏扁鹊，赐他为“天下第一神医”。寻常人听到这样的赏赐，那可不高兴坏了，毕竟自己有实力，磕头跪谢便是了。但扁鹊却拒绝了。

扁鹊对齐国国君说，自己并非天下第一。他还有两个哥哥，哥哥们的医术比他更胜一筹。他说二哥扁雁能见微知著，在绝症只出现很小的症状时，便能发现并进行治疗；而大哥扁鸿则更是厉害，能“慧眼识病”，只需看一眼便能诊断出这个人患何病，又该如何治疗。与两位哥哥相比，他不过是个普通大夫罢了，只是在病人生病的时候，能够给予治疗，哪里受得起这“天下第一神医”的称呼。

故事毕竟只是故事，扁鹊两位哥哥的医术，显然被他们的这位弟弟神化了。但从扁鹊的描述中足以看出，他是一个十分谦卑的人。即使当年他的医术不是天下第一，在他这种谦卑之心的推动下，他定会不断钻研医术，不断进步，最终必然会成为“天下第一神医”。毕竟从我们今天所知的历史来看，青史留名的神医正是扁鹊。

有谦必有骄，历史上有扁鹊这样强而不骄的人，也必然有骄傲自满之人，比如楚霸王项羽。

项羽出身名门望族，又年少有为，年纪轻轻便成为一方霸王，可谓是春风得意。当他收到刘邦称王的消息时，怒气冲天，道：“旦日飨士卒，为击破沛公军！”在后续与刘邦的皇位争夺战中，刘邦一直谦卑礼遇贤士谋臣，而项羽却一直凭借心意率性而为。在项羽眼中，他是天之骄子，是一方霸王，称王称帝是众望所归，自信心可谓是爆棚。正所谓骄兵必败，刘邦虽然没有他本事大，但却善用人，一条反间计便打败了霸王。

其实一直到兵败乌江时，项羽都有翻身的机会。他有能力、有声望，只需要改掉骄傲的毛病，卷土重来还是有极大胜算的。就像杜牧所写的，“胜负兵家事不期，包羞忍耻是男儿。江东子弟多才俊，卷土重来未可知”。

可惜啊，这次败的不只是一场仗，而是项羽的骄傲之气。东山再起不难，难的是放下自己的骄傲自满。

优秀的品格二：财富自由需要无畏的勇气

财富自由之路，若是一马平川，那今天人人都可以实现了。实现财富自由就像爬山，在山脚下时人人都想着一跃而起，问鼎顶峰，但又有几人能真的实现呢？坦荡的大道一帆风顺，幽寂的湖水风平浪静，当你选择了攀登高峰，就注定你要有远胜于常人的勇气。

第二次世界大战时，有一位将军叫巴顿。巴顿将军以无畏的勇气，在战场上屡战屡胜，成为令人闻风丧胆的将领，被称为“血胆将军”。其实一开始巴顿将军也不是这么厉害的，他小时候其实还是有些胆小的，但他很聪慧，早早认识到勇敢是成功者必需的品质，于是他便开始锻炼自己。

美国有一所军校叫西点军校，巴顿将军便来自这里。在军校学习时，他以“不让恐惧控制自己”为座右铭，不断提醒自己去克服恐惧。在日常的军事练习中，巴顿将军总是挑最难、最让他恐惧的项目去做，尤其是在最后的狙击训练中，他疯狂到将自己的头颅伸进火线区练习胆量。

巴顿对于恐惧的控制和对于勇气的练习，让他终成为一个刚毅果断的人。这样的性格也让他在战争中，不论面对什么样的恐慌局面，也始终保持无畏的勇气。听说他在作战时，最经常说两句话，分别是，“果断，果断，永远果断！”“进攻，进攻，再进攻！”

巴顿将军最有名的指挥战役是布列塔尼战役。在这场进攻德军的战役中，身为集团军司令的巴顿，让第八军冒着暴露位置陷于困境的风险，向德军防守的布雷斯特发起进攻。当时当这道军事命令下来时，所有参谋都持怀疑态度，认为这过于激进和冒险。但在巴顿看来，德国空军已被逐出附近战场，德国的装甲军也多被牵制在其他战场，正面打起来其实是自己占有优势，于是不顾其他人的反对，以极大的勇气下了这个进攻的命令。最后的结果不说大家也知道了，必然是成功了。

当然，听完巴顿将军的故事，大家可能觉得这位将军对于勇气的追逐有些“走火入魔”，我也并不是鼓吹大家成为一个以身犯险的人，只是想通过这位传奇将军的故事告诉大家，勇气的力量。

勇气并不是莽撞，而是基于你正确的判断，去合理地接受风险的冲击。就像布列塔尼战役，如果不是巴顿这种异于常人的勇气，或许他早已屈服于众人的意见，规规矩矩打仗，那可能就是另外一个失败的故事了。

实现财富自由像是登山，曲折蜿蜒的山路上，有惊险的悬崖、诱人的风景、温馨的休息站，有各种各样的诱惑，我们要有勇气走过独木桥，也要有勇气拒绝风景，还要有勇气抵抗诱惑。就像著名诗人汪国真说的那样，“既然选择了远方，便只顾风雨兼程”。既然选择了要成为实现财富自由的少数人，便要有勇气去经历风险，有勇气坚持到底！

优秀的品格三：财富自由需要终生的自律

不管你懂不懂经济学，只要你对钱感兴趣，必然都认识股神巴菲特。我读过很多巴菲特的文章，很多人问他财富的秘密，他回答最多的是多阅读。他现在九十多岁的高龄，每天仍然坚持阅读。同样，著名的企业家比尔·盖茨，到现在每年都会发布一个“盖茨书单”，向年轻人推荐自己每年读完认为最有价值的十本书。

这么多厉害的人都在坚持阅读，而我们呢？我问过我身边一圈人，有阅读习惯的寥寥无几。除了追剧打游戏等娱乐项目，有正向反馈习惯的人也没有几个。

有一个健身APP我很喜欢（虽然没用过一次），主要是因为它的slogan（口号），叫“自律即自由”。是的，财富只是收获，自律才是种子。当你日复一日种下自律的种子，才能在秋天的时候，迎来满树的收获。

明代有位著名的大师王阳明曾提出“知行合一”的概念。什么叫知行合一？在我看来，知是认知，而行就是自律。就像各位读者读完本书，知道了如何建立自己的财富底层逻辑，完成了认知迭代，但如果不将这套认知坚持用在日常的生活中，那这套认知，又有什么意义呢？

大家有没有发现这么一个趋势，现在经济条件越好的人，身材越是纤瘦，他们的孩子玩手机的时长也更短？至少从我对客户观察的情况来看，绝大多数都是这样的。为什么呢？因为经济条件好的人，他们懂得自律的价值。很多时候，我们以为彼此之间拼的是智商，到最后其实拼的都是自律的能力。

我在大学的时候，有一个舍友，他是我少年时第一个教会我自律的人。大学嘛，总是有各种各样的娱乐活动，看电影、聚餐、打游戏等等，他从来不参与这些。我们睡懒觉时，他在看专业书；我们打游戏时，他在学英语……可能年轻的朋友对这样的人很嗤之以鼻，觉得他真是无聊，失去了大学的意义。我们当年也是这么想的，所以他没什么朋友。但当我年长些，便对这样的人心生佩服。

他能在如此年轻时，就能知道自己要什么，并且能控制自己的欲望朝着目标前进，这是一种幸运，也是一种超于常人的能力。这种能力在当时或许与周围人格格不入，但拉长时间来看，他早已和我们拉开了巨大的差距。在我们班所有的同学中，他并不是最有钱的，但他却是过得最自由的。这种自由既有财富上的，也有心灵上的。

所谓量变引起质变，一日的坚持不难，难的是日复一日的坚持。如果你身边有一个你觉得特别优秀的人，可以观察下或者与他聊聊，他必定在某个地方十分自律。

二、吸引力法则：凡事向内求

先来说，什么是吸引力法则？简单而言，就是你越关注什么，就会越容易吸引什么。吸引力法则的核心旨意，在于教导我们通过调整积极的思维模式，以正向的语言和情绪，让生活趋向于我们希望的方向发展。

吸引力法则并不是一个新的概念，它其实已经发展了几千年，只是在近几年才被正式赋予了“吸引力法则”的名字。

俗话说，你是谁，就会遇见谁。这普世的真理之中，蕴含的便是吸引力法则的道理。很多生活中看似注定的事情，其实归根结底都源于我们自己。说到底，我们是自己人生的主人，我们的生活也由我们的行为所创造。

吸引力法则经常被用在恋爱中，但其实在追逐财富自由的路上也是一样的。根据“吸引力法则”，你是谁，你认为自己是谁，你便会吸引什么样的人。只有你成为最好的你，才能吸引最好的他人。

物以类聚，人以群分

古书《道德经》中有云，“德者同于德，失者同于失”。

什么意思呢？有德行的人，会和同样品行端正的君子在一起；没有德行的人，则会遇到同样性情卑劣的小人。

在中国文艺史上，有两位著名的大师，一位是京剧名家梅兰芳，一位是书画大家齐白石。他们两个人还有这么一段故事：刚来京城时，齐白石还没画出名，而梅兰芳那时已经是天下皆知的名角。在一次偶然的书画展中，梅兰芳看到了一幅作品，惊为天人，一问作者正是齐白石。两人后来在一次宴会中遇到，就此画展开讨论，竟然说了几个时辰，发现彼此志趣相近，当场结为至交。后来，梅兰芳还拜入齐白石的门下，学习绘画，真是一段友谊佳话。

我们在前面的小节就提到过，靠追来的人脉，风还没吹就散了，而靠自身吸引而来的人脉，才真正能称之为你的财富和资源。的确如此，打铁还需自身硬。一个人只有本身能力还不错，才能吸引更多优秀的人、事、物。

同频才能共振，同频并不是指财富有多大，名声有多响，地位有多高，最重要的是这个人怎么样。正所谓话不投机半句多，相似的价值观和品格秉性才是共振的基础。我因为职业的关系，在生活中见过不少厉害的人，有企业家、教授，也有高管，他们都有一个共同点，那就是不断提升自己的内在。

用他们的一句口头禅来说，即术精的人很多，但道同的人却少之又少。什么叫道，道就是产生吸引力的源头。

《庄子》有云："夏虫不可语冰，井蛙不可语海。"对于夏天出生夏天死亡的虫子来说，冰天雪地是它无法认识的世界；对于一辈子住在井底的青蛙来说，辽阔无边的大海亦是它无法理解的事物。

动物如此，人亦如此。从生物进化的角度来看，人不过是高级动物罢了。遇到什么人，说什么话，展示什么样的本事，是一门极高的学问。

与雄鹰翱翔者，必是俊鸟；与虎豹合谋者，必为野兽，不如好好问问自己，你已经是俊鸟或者野兽了吗？

你若盛开，清风自来

《道德经》中说："企者不立，跨者不行。"听起来很复杂，意思很简单，就是说你踮着脚虽然看起来高，但很快也会掉下来；你跨大步子，虽然短时期内走得多，但不能长久。

综合起来，还是那句老话，你是什么样的人，就会吸引什么样的人。要是我们能力不够强，即使运气好有人帮了我们一把，如果后续我们不提升自己，这意外得来之物也最终会失去，甚至有时候还会引起某些人的嫉妒，认为你德不配位，会招来灾祸。

有这么个故事，唐朝有个人叫李建，属于死读书类型的，虽饱读诗书，但不通大义，甚至还有些笨愚。他的父亲在一次意外中，救了当时的宰相房玄龄。为了报答救命恩情，宰相提出满足其一件事。他的父亲想了想，提出让自己的儿子李建当官。唐朝虽然有科举制，但高官举荐也是可以做官的。于是这位李建在当朝宰相的举荐下，成了一名县令。若是有才能之人，此时借得这阵风，必能席卷而起，但可惜，李建并非这样的人。他本来性格就懦弱，在当县令期间，稍微有黑恶势力一威胁，他就睁一只眼闭一只眼，产生了许多冤案。长此以往，他最后也被人告发，入狱砍头。

民间有俗语，"德不配位，必有灾殃"，正是这么个道理。当你的本事和你所取得的成绩不匹配时，就会陷入失衡的状态，很容易便会陷入绝境之中。当我们没有达到基本的及格线时，即便遇到机会，也难以有所成就；即使有贵人相助，也未必就是好事。

在追求财富自由的路上，最重要的是不要老想着借别人的风，而是懂得让自己成为有风的人。我身边的聪明人，都是看起来比较愚笨的，外面流行什么热闹什么，他们并不在意，他们时刻关注自己的节奏、自己的步伐，路是自己走出来的，当走得够远够多了，自然会遇见已经在前面的人。所谓大智若愚，不就是如此么？

我前几天看到过这样一句话，说："如果你想将路上的野马收入囊中，最好的办法不是去追马，而是开始在你的马厩里种草。等到来年绿草蓬勃时，马自己就会来到你的马厩之中。"大道至简，很多道理和思维其实都是相通的。与其费尽心思要钻进那些社交圈，倒不如沉下心来，种一片草原，圈子会散，但你的草原月月年年只会越来越丰盛。

还记得"罢黜百家，独尊儒术"的董仲舒吗？他有这么一个故事：年少时的董仲舒非常喜欢读书，他的父亲见状特地为他修筑了一座花园，让他在学习之余也调节下心情。修建花园的第一年，花园有了雏形，正逢明媚春日，家人多次邀请他来花园游玩。但董仲舒却摇摇头，埋头苦读。修建花园的第二年，花园有山有水，姐姐们都玩得很开心，也邀请他来玩，但他仍然头也不抬地继续读书。到第三年，花园终于修好了。漂亮的花园里都是闻声来游览的人，父亲也邀他来观赏风景，他仍然捧着书在房内苦读。

"三年不窥园，一朝成名师。"这便是儒学大师董仲舒，他凭借非凡的能力，历经四朝，位极人臣。什么是吸引力法则，这便是最好的例子。凡事向内求，桶能装多少水，取决于容积多大；我们能获得多大的财富，取决于我们自身的能力。

就像那句俗套的鸡汤文，"你若盛开，清风自来"。俗归俗，但道理就是这么个道理。

吸引力法则：凡事向内求

古语曰："君子务本，本立而道生。"当我们从本质上升级了自身，所得所求，便皆是水到渠成的事。

战国时期有个很厉害的人，叫苏秦。苏秦师从鬼谷子，学习纵横捭阖之术。几年之后，他学成出山，变卖家产作为路费到各国去游说，但却一直没成功。为什么呢？因为这个时候的苏秦还是个初出茅庐的年轻人，对天下大势只懂课本上的道理，不懂真正的实践，难以戳到各国君主的痛点上，自然难以让他们听从自己的观点。换句话来说，依照苏秦现在的实力，能见到君主都不错了。

经历这次失败后，苏秦再接再厉，边研读兵书边分析天下大势，等到他第二次学成归来时，意料之中地实现了梦想。苏秦成为历史上唯一一位身居六国相位的政治家，并成功实现了自己合纵抗秦的谋略。

佛家有云："境随心转，相由心生。"吸引力法则，说白了，就是你眼里看到的，就是你心中所想，而你心中所想，便是你的认知所现。穷人家的孩子不认识古宝名玉，富人家的公子也不知什么叫吃糠咽菜，就像大诗人李白写的那句，"小时不识月，呼作白玉盘"，没有见过白玉盘的人能写出来吗？

吸引力法则听着有点像心灵鸡汤，但我们仔细去品这背后的道理，其实还是在讲认知这回事。作家张德芬曾这么说，你的外面没有别人。什么意思？就是你遇到的所有事物，最终都是另一个你。他们的所有表象，都是你的认知的体现。而不断升级自己的认知、迭代自己的思维，就能让自己这双眼更清明，也就能遇到更优秀的人。

最后再分享一个小故事，有个人逛市集看到了碗，他随手拿起一个与其他的碗碰撞，想通过声音来判断碗的好坏。但他一连碰了数个，都只听到沉闷的声响。这个人很失望，摇摇头打算走了。老板见状拦住此人，从摊上随便拿出另一只碗，递给他。没想到，这个碗随便触碰其他的碗，皆声音清脆，这个人十分惊奇，立刻买下。老板笑着收下钱，说了这么一句话，两碗相撞，须两者皆是上品才能发出清脆鸣音哪。

碗与碗是如此，人与人也是如此。次品入不了上品者的心，自然无法产生共鸣。如果你是柏杨，自会有俊鸟来栖；如果你是大海，自会有百川来聚。怕只怕，不是柏杨而不自知，不是大海而不自知，一股脑按着错误的路往前走，那抵达的必然不是我们想要的终点。

有句俗却真的话，叫“屁股决定脑袋”。每个人都有自己的位置，都只能看到局限的视野，但如果只从这个局限去理解广袤的世界，那必然充满了无知的想象。建立财富自由的底层逻辑，其实就是一种认知迭代，要不断打破固有的认知，把自己往地上摔碎，再一片片捡回来。

三、专注热爱的事情会带来财富

如果有一天，当你拼尽全力完成一件事情，不是为了养活自己，也不是为了完成任务，而仅仅是因为你热爱它，并且想用它来帮助更多人的时候，那你就离财富自由不远了。热爱是通往财富自由的一条捷径，坚持这条路走到底，不断迭代和成长，金钱的收获只是顺其自然的果实。

——索达吉堪布《做才是得到》

什么是热爱?

在中国的教育环境中，我们一直都被教导如何通过勤奋和努力取得成功，却很少有人跟我们提过“热爱”这两个字。在欧美的教育理念中，恰好与我们相反，最核心的一条观点便是：帮助孩子找到他热爱的事情，并且鼓励他全力投入其中。

我有一个海外的同事，他是一个英国人，有一个 8 岁的女儿，非常喜欢骑马。在她第一次体验骑马课的时候，马术教练就疯狂地夸赞她，说她对骑马的感觉很棒！女儿体验完也觉得骑马感觉不错，于是同事就花了大价钱给孩子报了课。他的女儿因为喜欢上课，学得也非常快，上了十三个小时的课程就参加了三级马术考级。依照常规学习，一般至少需要学习七十个小时以上才能参加考级。

除了精、进、快，孩子还非常快乐。我有一次去他们家，小女孩一个人在读一本很厚的书，名字也很枯燥，我都不太记得了，只知道是一本和养马有关的书。每逢放假，也不玩电脑，屁颠屁颠地跑到臭气熏天的马棚里去喂马，笑得那叫一个灿烂。

看到他们家女儿这么快乐且这么有成就，另外一个中国同事也心动了，把自己儿子送了过去。那孩子自己就说过不喜欢骑马，他爸却觉得小孩子懂什么，强行把孩子送了过去，结果第一节课就从马上摔了下来，住院住了几个月。我本来以为是个调皮捣蛋的小家伙，结果去探病的时候，却发现那小男孩其实很聪明，手里抱着一本百科全书在认真地读，见我来了，还拉着我问各种各样的问题。

当时我就感慨万千，对“热爱”这个词，有了一个更深的理解。不过，不懂得让孩子追寻热爱，那是上一辈家长的思维方式所导致的错误的教育方式。在我们新一代人中，当我们学会革新思维，寻找到自己的热爱，自然也不会再强迫孩子去干自己不喜欢的事情了。所谓言传身教，正是这样。

热爱与天赋

何为天赋？在我看来一般有两个条件：第一，你在某个方面，天生比身边的人有更强的感知力、更深的理解力、更快的反应力。当我们同时去做这件事时，在同样的时间和条件内，你能做得比大多数人更好。第二，在做这件事的过程中，你能体会到巨大的快乐。即使失败了，你虽然也很气馁，但最终你总会充满好奇心和斗志地重来，直到成功。

如果你在某件事情中具备以上两条，那恭喜你，这就是你的天赋所在。而大多数情况下，你的天赋即你的热爱。如果很不幸不是的话，那可以努努力，把天赋变成热爱！

当你从事自己所热爱的事情时，因为你很擅长，便会觉得轻松简单，又十分有成就感！而对于其他人来说，则会觉得这件事又难、又枯燥，当然也很有可能看着你疯狂工作的时候，愁眉苦脸道，这个人也太努力了！太能吃苦了！说不定还会以你为榜样去鞭策自己，吃得苦中苦，方为人上人。但其实对你而言，这不是苦，而是甘之如饴的快乐。

在零售业发展史上，有一位奇才，叫山姆·沃尔顿。他就是一个有销售天赋且极其热爱销售的人，堪称是为销售而生。童年时，他通过送报纸来获取零花钱，结果给报社带来了最大的订单；上大学时，他只用了短短几个月就成了学校里朋友最多的学生，而且凭此当上了学生会主席。沃尔顿说，当学生会主席十分简单，只要你周围十米内有人走近，你笑着对他们打招呼，他们就会成为你的朋友，他们打选票就能让你当上主席！

听起来简单，但真正做起来肯定没这么简单。先别说我们敢不敢见人就微笑，关键是就算我们笑了，十有八九别人会觉得我们是神经病，撒开腿就跑了。但这就是沃尔顿的天赋所在，能很快和陌生人建立联系，并且让其对自己产生信任！

山姆·沃尔顿之所以能成为世界零售大佬，除了天赋外，更多还因为一种宛如信念感般的热爱。因为纵使有天赋，人也不可能避免失败，当你失败时，最先开始怀疑的，必然是你的能力。而能坚持扛过失败的黑暗之谷的人，才能走到最后，此时支撑他们的力量，便是热爱。对于零售业，沃尔顿真是干一辈子都不觉得累，更不想退休。据新闻报道，这位老爷子在临去世前还在巡视店铺，病危的最后一周时，还坚持将经理喊来询问业务情况。这样的例子，还有被称为“文盲老太”的布鲁姆金太太，103 岁退休，104 岁去世，去世前还在店里视察。

听到这样的故事，对于有些人来说，可能忍不住吐槽，都快去世了，还对这些身外之物恋恋不舍，未免欲望太大了！的确，我赞同这样的观点，但我同时想说的是，如果你想实现财富自由，欲望是你必须有的东西。在前面几节我其实也讲过，人类因欲望而进步，世界因欲望而发展。你要的越多，这个世界给你的才会越多，如果你没有欲望，那又何必追求财富自由呢？吃糠咽菜对你来说，不是一种苦修行吗？

看清自己的内心，明白自己的目的地，这样在冲刺的路上，才不会迷路。我们既然想要成为拥有财富自由的少数人，那必须与大多数人有所区分，在这位零售传奇的身上，我所看到的是热爱的力量——生命不止，热爱不息。如果你有一天也能这样因为热爱做一件事，你觉得自己会不成功吗？你觉得财富自由还会遥远吗？

山姆·沃尔顿曾经在一次采访中说，回顾一生，如果让他重新选择，他仍然会选择销售。那是他的热爱，不随任何事物变化的热爱。

热爱是一种投资

有一个很有名的 TED 演讲，演讲者在三分钟之内，揭秘了各行各业的成功者们成功的八个秘密，而第一条就是关于热爱。出于热爱去做一件事，钱自然会来；而如果因为钱去做一件事，钱未必会来。就像 TED 的演讲者们，本身个个都是行业内的佼佼者，都是因为热爱而成功的人。

国外有一个零售公司叫 Zappos，他们曾经首创过一个“辞职奖金”的激励制度。简单来说，就是入职的新员工会先进行培训，培训结束后，正式签约前，如果你不喜欢公司，可以自由选择离开，并且还会拿到 1000–4000 美元不等的辞职奖金。在实行这个制度后，大部分新员工都会选择留下来，并且留下来的人都干得很好。

为什么呢？因为这个制度巧妙地筛选出了，真正热爱这个公司、真正热爱这份事业的人。如果只是为钱而来，离开就能得到奖金，大不了再去入职其他公司，这笔奖金相当于白得，奖金筛选掉了这批人。在企业的发展中，如果招收到的都是心怀热爱的人，那这份热爱会成为公司繁盛发展的驱动力，而这种驱动力是很难培养出来的，只能通过筛选来完成。

许多人确定是否做一件事情，第一件事就是计算，权衡付出和收获是否成正比。不能说这种思维不对，但把正确的思维用在了错误的视角上，自然也是有问题的。有些事情，当前计算是亏本的买卖，但拉长时间线就未必了，上学就是最典型的一种。我身边就有这样的朋友，很早就辍学不读了，凭借时代的红利和好运气赚了些钱，在同学聚会时反而出口嘲笑他那些读博的同学，发自内心觉得别人不如自己。

从当前看，那位读博的同学一无名二无利，看起来确实穷酸。但再过几年呢，当时代的红利过去，当好运气用尽，他有办法始终守得住财吗？而那位读博的同学却很有可能一飞冲天，凭借真本事在自己的领域发光发热，最终说不定能成为对国家有所贡献的人。

科技天才乔布斯曾说过，他工作的动力并不是钱，而是创造出这个世界上最伟大的产品。的确如此，人赚不到认知以外的钱，你的认知决定了你的高度，你的高度决定了你的眼界，当我们眼中只有钱的时候，就会不自觉陷入狭隘的视野之中，最终反而无法得到金钱。与此相反，若是一开始我们站在更高的角度，把握大局，精准出击，财富自由其实只是一种适时的奖励。

现如今，在全世界的科技公司中，苹果独树一帜，成为创新的风向标，甚至是其他各大科技公司创新的风向标。有这么一句话，叫如果你追求卓越，你自然会成功；但如果你只追求成功，那你未必会成功。革命性的交通工具飞机，不也正是在莱特兄弟的热爱下完成的吗？他们当时没有钱、没有人、没有任何人的支持，唯一有的是热爱和天赋。他们有准确的判断，飞机是未来的趋势；他们有非凡的能力，自己可以去完成这份事业；他们坚信自己的路，最终也在一次次失败中成功试飞。

日本著名的企业家稻盛和夫将人分成三种类型：第一种，不燃型，即点着火也烧不起来的人；第二种，可燃型，即点火能烧起来的人；第三种，自燃型，没人点火自己就能熊熊燃烧的人。现实中大部分人都属于第二种，说直接点，就是抽一鞭子走一步的人，这样的人最终只能拥有大部分人的结局，饿不死但也实现不了财富自由，需要终其一生为生计忙碌。而我们现在要做的，就是让自己从第二种人进化成第三种人。

进化本身是一件很难的事情，人类经过数亿年的进化才到今天的智人。而我们之所以提到热爱，是因为热爱是一个能加速进化的催化剂。你可能读完这篇文章，第一反应是自己好像没有什么热爱的事情，那很简单，将自己的擅长变成你的热爱，或者在诸多讨厌的事情中，选择没那么讨厌的一个方向，精心深耕。

四、控制情绪就是控制财富

美国著名的社会心理学家费斯汀格讲过这样一个小故事：一个男人早上起来洗漱时，将自己新买的手表放在了水龙头边，他的妻子担心被水淋湿，便好心将手表收起放在了餐桌上。结果，他的儿子起床后来吃早点，一不小心就将新手表摔到了地上，坏了。

男人十分生气，把儿子喊过来狠狠训了一顿，又说了一顿妻子，妻子明明是出于好心，自然不高兴被指责，两个人三言两语吵了起来。吵完男人急匆匆开车去公司上班，快到公司才发现自己没带电脑，今天要展示的方案都在电脑里，只好掉头又回家。

回家后家里没人，妻子去送孩子上学去了。男人只好给妻子打电话让她早点回来，妻子送完孩子慌慌张张就往家赶，结果路上不小心发生追尾，赔了一笔钱后终于回到家，男人也终于拿到了自己的电脑。等他再匆匆忙忙赶到公司的时候，会议已经开始了 15 分钟，劈头盖脸挨了领导一顿骂。

好不容易熬到了下班，又因为一件小事和同事起了纷争。回到家，妻子说自己因为迟到被扣了全勤奖，而他的儿子今天本来要参加足球比赛，因为早上被骂情绪不好，直接被淘汰了。一天结束了，男人躺在床上回想今天所有的事情，最终发现所有问题的源头便是那块手表。纵使手表被摔坏这件事无法控制，但如果他没有那么生气，后面的事情都不会发生。

这便是赫赫有名的费斯汀格法则，即生活中的10%是由你遇到的事情组成的，而另外的90%，则是由你对这些事情的反应决定的。换个角度，也就是说如果一个人的情绪不够稳定，那他的生活也极有可能是一团乱麻。在这个每天醒来压力便扑面而来的时代，很多时候，控制情绪就是在控制你的财富。

不要让你的情绪，影响你的财富

《庄子·山木》篇中，讲过这样一个故事：有个人要出远门，乘船赶路时，远远望见前面有艘船要撞上来。这个人气得破口大骂，觉得这个船夫真是不长眼。结果等船真撞过来时，他发现这其实是个空船，船上根本没有人，而他刚才的那股怒火，也瞬间就没了。

这个故事很有意思。生气时，我们总以为自己恼怒的是事情本身，但其实往往与事情无关。就像这个坐船人，他生气的并不是撞船这个行为本身，而是这船上有没有人。一件事对我们造成了不好的影响，我们是否生气、是否发怒，本应取决于这件事对我们的影响程度，但我们偏偏对结果视而不见，却选择对人大动干戈。

我有一个朋友，某年他们公司在双“十一”做S级的大促活动时，团队中有人在主推款的商品补贴上出了些纰漏，最终导致公司比计划中多花了十万元左右。后来经调查，这件事的负责人有四个。四个人召开了一次会议，会上有三人坚决不为此事承担责任，把问题甩来甩去，本来应该理性进行的追责，变成了几个人的内斗，甚至差点成了泼妇吵架。在这次会上，有个年轻人始终没有开口，一直在电脑上敲敲打打。后来等几个人吵累了，他站起来主动担下了责任，说他会去和领导汇报此次事情。其他三人自然乐得高兴，顺其自然地将问题全推给了这个年轻人，“反正他来得晚嘛，年轻人就是要背锅的”。

每年年底，公司都会调整升职加薪的名单。在那年年底，我朋友毫不犹豫地提了那个年轻人，并且向我讲起了这个故事。我很好奇，便问这个年轻人有什么本事。朋友说，其实在大型活动中，出问题是在所难免的，老板一般心里都会有预期，也不会苛责下属。但出了问题如何处理，才是最重要的。那个年轻人他一没有推诿责任，二他来汇报时，是带着解决方案的，并且从头到尾，情绪都十分稳定。他开公司这么多年，见了有上万人，能保持情绪稳定的人，真是少之又少。

我当时没有太理解，只觉得不就是不吵架当包子呗，有什么了不起的？但后来当我逐渐成长，有了自己的团队，要走更远的路，这个时候才发现，控制情绪实在是太重要了。

生活中突如其来的变化实在是太多了，且这种变化多是不好的。我们虽然无法控制变化本身，但我们可以改变自己应对变化的态度。现在如果让我选择合作伙伴，在能力判断中，情绪稳定至少能占 50%。

孔子云，“不迁怒，不贰过”。我们生气时，不要将怒气迁于他人；生活不顺心时，也尽量不要对他人发脾气。人在极度生气时，说出来的话如利刃，伤人伤己。与其为了一时的情绪发泄，倒不如调整心情，将注意力专注在事情本身上。

不要让你的情绪，影响你的投资

经济学是最能练习情绪的学科，投资也是最能体现情绪管理价值的事情。有人说，投资 =9% 的知识 +1% 的执行力 +90% 的情绪管理。可以一句话来说，稳定的情绪是实现成功投资的关键。

当我刚开始步入投资市场时，输或赢，基本都是因情绪而定。当我心情不好时，会过于悲观，做出极其保守的投资决定；而当我心情太好时，又会过于乐观，做出极其激进的策略。而这些结果的反馈最终又会影响我的情绪，导致我不断陷入这个投资最忌讳的情绪循环中。

一个普通人在拥有第一桶金后，必然要通过投资才能实现财富自由。投资最大的敌人，便是情绪。我因为是学经济学的，身边有很多人都是投资高手，当然也有很多人是投资菜鸟。对比两者的区别，策略、判断这些都在其次，最大的区别还在于情绪。即使两个人同时买了同一只基金或股票，菜鸟看见上涨就肾上腺素飙升，上蹿下跳，到处询问要不要卖；而高手则波澜不惊，只是看一眼表示自己知道了便不再关注。同样，当基金或股票开始下跌时，菜鸟更着急了，也不再询问任何人了，起手就卖，赚个几百块钱就高兴得不得了；而投资高手，这个时候仍然是无动于衷，他会根据自己的投资组合，理性判断，做出选择，甚至对有的投资高手来说，跌也是在他们的意料之中。因为从巴菲特的价值投资角度来说，有些股票的确会偶尔高于其本身价值，最终也自然会回归其真实价值，不过这些都是我们后面的知识了，到时候再细讲。

心理学家武志红说："人要对自己的情绪敏感一些。"这个敏感，并不是说让你对生活中的每样事物都产生情绪波动，而是说让你关注情绪波动时内心的变化。当乘船人对有人撞船这件事生气时，他生气的到底是什么？当我们看见股票涨就兴奋，看见跌就恐慌，我们的情绪变化是因为什么？说得玄妙点，万事万物有其根源，情绪流露的只是表象，我们要学会通过表象去挖掘深层的逻辑。

荀子云："怒不过夺，喜不过予。"人生在世，我们能掌控的事情少之又少，既然有一件事是我们可以掌控的，何不努力将其应用自如呢。在可以开怀大笑的时候，自然流露，而在需要理性判断的场合也可以保持理智。常言道："心宁则智生，智生则事成。"我们只有学会控制情绪，才能学会控制人生中的其他事物。

理财入门书《富爸爸穷爸爸》中曾说过，人的心智有三个层次，分别是低等心智、中等心智和高等心智。生活中的大部分人，其实都处于低等心智，主要表现在对自己理解的事物表示固执的信任，而对未知的事物则充满戒备和恐慌。与低等心智相对，高等心智则是对理解的事物仍然表示怀疑，对未知的事物仍然保持好奇，不过分迷信某种事物，也不过分害怕某种事物。

有心者可以多留意身边优秀的人或者是自己欣赏的企业家，十之有九都是情绪稳定的人；如果他们不稳定，他们身边的智囊团中必定有一个稳如泰山的人。说白了，人与人的差别其实就是在细微之处，学会控制情绪，能做到这点的人其实已经远超常人了。

如何控制情绪

既然情绪稳定如此重要，那我们要如何控制自己的情绪呢？关于情绪控制的学习方法，不论是书籍，还是课程，都有许多专业人士为大家分享。术业有专攻，我不能卖弄自己不懂的知识。不过我可以跟大家分享我的一些经验。

正如大家所知，我也是从一个愣头小子过来的，在经历了生活的磨炼之后，才逐渐养成情绪稳定的习惯。我用过的方法有很多，简单说几个。

1. 暗示调节法，即在即将发怒的时候，停下来几秒，用心理暗示的方法说服自己。《武林外传》中的郭芙蓉用的便是这招，“世界如此美好，我却如此暴躁，这样不好不好”。对照此例，大家可以设置自己的提示语，比如我的是，“吃得苦中苦，方为人上人”。听起来有些土，但很实用，毕竟求取财富自由之路，就是要历经千辛万苦的。

2. 情绪日记法，即通过日记记录的方法，将自己的情绪得到合理的释放。其实这是一种通过个人兴趣来释放情绪的方法，如果你喜欢写字，可以通过日记来完成；如果你喜欢运动，也可以选择你喜欢的运动方式来消解情绪。同理，音乐缓解法、诉说缓解法，本质上都是通过我们享受的方式来帮助我们更好地控制情绪。

3. 数颜色法，这是我花费高价上的情绪练习课中，一位老师教给我的，我今天将它分享给大家。这是一位美国心理学家提出的情绪控制方法，它的具体做法是这样的，当你十分生气，想要破口大骂时，请尝试停下手头的事情，找一个没有人的地方，可以是会议室、卧室、户外、洗手间等，然后尝试这样的练习：第一步，先环顾四周；第二步，在心中默默回答，这些周围的物品都是什么颜色，如墙壁是白色的，桌子是木色的，沙发是绿色的，文件柜是灰色的……就这样回答十二个问题，你就会发现你的情绪会好很多。我一开始觉得这个方法有点傻，一直不愿意尝试，直到有一次我真的是被气到捶墙，但那又是一个非常重要的场合。我只好暂时离开在卫生间休息，在回答完十二个物品的颜色后，我的心情好了很多，那种怒不可遏的感觉也逐渐消散，甚至我还有种“不就这点事吗？”的轻松感，后来因为没有受情绪的影响，处理事情的速度快了许多，很快就将那个项目搞定，得到了对方领导的认可。

拿破仑曾言，能控制好自己情绪的人，比能拿下一座城池的将军更伟大。情绪是人的本能，人人都会发脾气，所以稀缺的是会控制脾气的人。当然了，就像认知的革新非一本书之力能完成，控制情绪也非一日之功，希望大家要有耐心坚持，有信心完成，很期待大家成为新的自己。

五、复利法则，积累财富

大家认识吴晓波吗？如果关注经济或财富领域的话，应该听过他，他是非常有名的财经作家，代表作品有《历代经济变革得失》《激荡三十年》《跌荡一百年》等。看他现在这么厉害，其实一开始也只是一个默默无闻的穷小子。

他刚工作时，一个月工资只有 70 块，不低但也不高，勉强能生活。他埋头苦干了几年，但看不到变化，生活还是紧巴巴的，钱也没有，成绩也没有。于是在 1996 年的时候，他做了一个决定——要通过写作赚钱。下定这个决心后，每天一下班，他就把自己关在房间里，开始埋头狂写。他也不设具体的目标，写几百字不嫌少，写几千字不嫌多，一年 365 天日日如此，不停地写啊写啊。

要成为顶级作家，的确需要天赋；但如果只是想写出来一本叫好的作品，勤奋的练习其实是可以弥补天赋的缺失的。吴晓波就这么写啊写啊，终于在第四年的时候，他的《大败局》大卖，一年就卖出去了 200 多万册，成为畅销全国的热门书籍，他也如愿赚到了自己的第一桶金。到今天，吴晓波已经是国内知名的作家了，还创立了“蓝狮子”财经图书这个品牌，名利双收。

如果有人熟识吴晓波，肯定会说那他可是复旦毕业的呢，本身底子就好。这话我无法反驳，成功必然是需要一定的基础的，但拥有基础并不代表就能成功。复旦每年毕业那么多大学生，又有几个走到了吴晓波今天这样的位置？人们只看到他一夜之间的成功，却没有看到他那四年日复一日地耕耘，而正是这样日复一日地耕耘，最终带来了他的人生逆袭。

这在经济学中，便是鼎鼎有名的“复利法则”。

什么是复利法则？

复利法则，其实是投资理财时经常提到的一个名词。爱因斯坦说“复利的威力远远超过原子弹”，也因此，复利法则被称为“世界第八大奇迹”。

听起来好像很厉害？那到底什么是复利法则？它其实是一个经济学公式：$S = P(1+ i)^n$，其中，P 为本金，i 为利率，n 为时间，S 为本利和（本金 + 利息，也可以称之为复利），代入进来，也就是：复利 = 本金（1+ 利率）^{时间}。

举个数学的例子，来直观感受下复利的魔力：假设小明工作三年存了 10 万元，他用这 10 万元去买了年收益率为 20% 的股票，那么根据复利公式，大约三年半后，小明的 10 万元就会变成 20 万元，而且这期间，小明什么都不用做……

从公式中，我们可以看出影响复利结果的影响因子有：本金、利率、时间，即如果你的本金越多、利率越大，且持有周期越长，你的财富就会自己越滚越多。这其实也解释了很多有钱人，即使每天无所事事也仍然很有钱的原因——他的钱在帮他赚钱。

同时，从这个公式中还能得出，如果想实现收益的正向增长，本金和利率就必须为正值，这在经济学中可能是一句废话，但迁移到生活的其他事项中，其实是：复利 = 在正确的方向上坚持 + 做正确的事情。

关于复利还有一个非常有名的小故事。有一位国王，他有一位非常聪明的宰相，他也非常喜欢这位宰相。有一天他心情甚好，于是想赏赐这位宰相，问他："宰相，你有没有什么想要的啊？本王都赏赐给你。"这位聪明的宰相想了想，笑着说："回大王，我想要这个棋盘上的所有麦粒。"国王一听，哈哈哈大笑："这简单，来人倒麦粒。"身边的侍卫立刻抓起一袋小麦就要倒，却被宰相拦住。原来这位宰相所要的麦粒，是在 64 格的棋盘上，第 1 格放一粒麦，第 2 格放两粒麦，第 3 格放四粒……以此类推，每格都比上一个格的数量多一倍，这样算下来，当放到第 64 格时，则需要 1844 亿亿颗麦粒……全国的粮食加起来都不够赏赐给这位宰相，这就是复利法则的威力——它看似不起眼，却在时间的沉淀下，逐渐发出耀眼的光芒。

如何利用复利法则实现财富自由？

现在我们已经知道了什么是"复利法则"，那么对于普通人来说，如何能有效利用"复利法则"实现财富自由呢？

第一步：寻找自己的增长指数

简而言之，就是确定你的目标。如果你现在没有目标，那就请停下来好好想想，制定一个可拆解的目标。"我想实现财富自由"，这种不算目标，更像是一个愿景；"我想二十年内实现财富自由"，这种才是一个目标，能够围绕它进行下一步拆解的，才算是一个合格的目标。

再比如说，我是一个新博主，开始只有十几个粉丝，我的目标是在一年内涨粉 5 万，那下一步就要拆解成每个季度、每个月、每个星期、每个视频，要达到什么样的目标，再围绕这些小目标，制定小的运营策略，就会在最终无限接近你的目标。当然，前提也必须是你的目标是合理的，如果太大、太广，便失去目标的指引意义。

第二步：寻找自己的增长点

当制定好目标后，我们下一步要做的就是想方设法完成这个目标。关于如何完成目标，有很多种方法，每一种方法都是一个潜在的增长点，我们要做的，就是找到最适合自己的增长点。

比如我是一个作家，我要不断地写出好的文章，凡是能帮助我提高文章质量的，都是我的增长点。可以是扩大阅读量，一是学习其他优秀的作家怎么写，二是不断升级迭代自己的认知思维，为读者提供更具价值的内容；还可以是不断练习写作，不管每天有没有写作任务，都先拿起笔来写，就像吴晓波一样，几百字不嫌少，几千字不嫌多，通过经年累月的练习，肯定是可以提高的。除此之外，还有很多其他的方法，这些方法都是我的增长点，都能帮助我在成为作家的路上不断跃迁。

以此类推，当你制定了一个合理的目标后，一定要去寻找增长点，当你找到的增长点越多，你的目标完成的可能性就越大。

第三步：接受开始阶段的琐碎、痛苦和平庸

还记得我讲过的敲石头的故事吗？很多时候，我们所做的事情，就跟石匠敲石头一样，一开始的一百下是看不到任何变化的，但所有毫无起色的量变最终会变成瞬间的质变。也和那位宰相用棋盘装麦粒一样，一开始的几格是非常少的，但越到后面却越来越多，最终甚至能超过一个国家的粮食。

很多时候，我们总是难以坚持去做一件事，往往是因为看不到成绩与变化。坚持运动一个月，体重好像一点都没变，放弃了；坚持阅读一个月，认知好像也和以前一样，放弃了；坚持背单词一个月，词汇量也没什么变化，放弃了……回想你的过往，是不是很多事情，都是因为无法看到短期的利益而最终选择了放弃，一次又一次，最终变得一事无成？

对于第三步我个人是深有体会。因为一开始写作时，我和吴晓波差不多，当然我比他写的时间更长，差不多写了五六年吧，都属于无人问津的状态。在这五六年里，我一直是边工作边业余写，首先我工作的压力是很大的，因为它承担着我所有的开支；其次我没有很多娱乐时间，因为工作之外的业余时间并不多，分给写作之后更少，我可能连出去和朋友吃顿饭的时间都没有。但这些都还不算是真正的困难，来自内心一次次的审问才最让人难以坚持下去：我适合写作吗？我到底有没有才华？我是不是在浪费时间……诸如此类，然而这项坚持最终的结果，想必大家已经看到了。

有时候成功并不是需要天赋，而是需要耐得住寂寞。如果你选对了方向，请一定坚持住前期的痛苦与平庸，相信我，当你熬过去之后，一定会看到一个全新的自己！

第四步：学会认错和止损

还记得我们之前讲过一节，讨论选择和努力哪个重要——选择决定你的方向，努力决定你是否能完成。如果你选对了路，坚持才会走到终点，否则，就永远是在原地打转。而如果有那么一刻，你确信自己选错了，那这个时候，学会转弯才是最大的本事。

认错和止损在经济学中是很常见的操作，因为凡是依赖人判断的，一定会犯错，只不过是大和小、现在还是未来的区别，而面对错误，认错和止损是最关键的。同样生活中也是如此，虽然我坚持写了五六年才得到反馈，但在这个过程中，我身为自己的读者，是可以感受到自己写作能力的缓慢进步的，有进步便意味着方向没有错。

如果当你选择了你的目标，并且按照增长点坚持完成了一定的时间，却没有看到任何效果的话，那就说明哪里出了问题。这个时候一定要停下来思考和复盘，只有这样才能避免在错误的方向上浪费时间。

复利金钱，你可以收获财富；复利知识，你可以收获智慧；复利运动，你可以收获健康；复利快乐，你可以控制情绪；复利情感，你可以收获幸福；复利生活，你可以收获可掌控的人生。

投资大师查理·芒格曾说："我不断地看到有些人在生活中越过越好。他们不是最聪明的，甚至不是最勤奋的，但他们是学习机器，他们每天夜里睡觉时都比早晨醒来时聪明一点点。"是的，假设你每天成长 1%，按照复利公式计算，一年后，你相比一年前成长了 38 倍！何等可怕！

但当然，复利有多么美丽，就有多么残酷。在复利人生的前期，充满了枯燥的坚持、自我的怀疑与日复一日的无望，绝大多数人走着走着，就会偏离复利的道路，朝着短期的诱惑奔去。人人都说人生是一场马拉松，需要长远的目光和长远的规划，但一路上却不断有人因为各种原因掉队，有人后来赶上来了，有人再没站起来过，因为看不见希望的前期，太难了。

说到这里，其实你已经感受到了复利法则的魅力。一个小小的公式，不仅解释了复杂的经济现象，还能将人生哲理融汇其中。把不同领域的问题代入这个公式，你可以得到不同的答案，难怪它会被称为"世界第八大奇迹"！

六、脑力致富，管理财富是一种能力

如果你未婚，你知道自己有多少资产吗？流动资产和不动产，总共有多少？如果你已婚，除了以上两个问题外，你知道你的家庭负债率健康吗？你的家庭资产投资占比合适吗？

如果这些问题，你都能回答上来，那恭喜你，你的财富管理能力已经超过90%以上的人！但我想，绝大多数的读者应该是不清楚这些问题的。很多人总有一个误区，那就是有钱了才能去理财，有财富了才能去管理财富，其实不然，只有先理财才能有钱，只有先学会管理财富，你才能积累财富。

在财富管理的世界里，只存在两类人，一类是需要财富管理的人，一类是不知道自己需要财富管理的人。很多人对于财富管理的理解，只是停留在狭义的投资理财层面。财富管理包括投资理财，但并不仅限于此，比如：购买基金、债券、保险、股票等理财产品是财富管理，投资买房产也是财富管理，为孩子储蓄教育金是财富管理，让孩子参加暑期海外游学也是财富管理，高端健康体检是财富管理，购买增值的奢侈品也是财富管理……事实上财富管理包括我们生活的方方面面。

学习财富管理，就像是挖一口井，挖井的过程很辛苦，但一旦挖得够深，就会一辈子都不愁水喝。就像投资大师巴菲特和芒格，两位老人已将近百岁，却仍然在财富领域屹立不倒。管理财富是一种能力，并非一个门槛。正所谓授人以鱼不如授人以渔，管理财富是渔，而财富是鱼。

什么是财富管理?

2021 年中国人民银行对财富管理下了一个定义：所谓财富管理，是贯穿于人的正规生命周期，在财富的创造、保有和传承的过程中，通过一系列金融与非金融的规划与服务，构建个人、家庭、家族与企业的系统性安排，实现财富创造、保护、传承、再创造的良性循环。

当然这是专业的定义，抛开这些复杂的词汇，简单来说，财富管理能帮助我们解决三个需求：第一个是生存；第二个是生活；第三个是享受生活。当我们初入职场，刚开始独立时，面临的第一个难题就是满足生存的需求，能自己赚钱养活自己，满足自己的基本生活；而随着我们年纪逐渐长大，需求也会逐渐提升，我们也有了更高的要求，要有自己的生活，下班喝杯小酒、周末听个脱口秀、假期去旅个游等；在这个基础上，有了自己的生活之后，我们还会想要享受生活，比如喝杯好酒、可以坐在前排听脱口秀、出国游等等。

可能有人说，这些不都是钱吗？说来说去，还是得先有钱。满足这三个需求都需要钱，但到底是多少钱呢？到底多久能实现呢？是不是一想就虚无缥缈？那财富管理，就是能帮你加速的一个催化剂。

再问大家一个问题，你们知道财富与资产的区别吗？不知道就对了，这才是你们阅读本书的价值所在。简单来说，资产是财富的外在体现。我们经常说的资产一般有：银行存款、房产、理财产品、股票债券、股权、保险、海外资产等等，可以说有多少类金融产品，就有多少种资产。资产也有好有坏，能随着时间带来增值的是好资产，与之相反的则是需要尽快清空的烂资产。说到这里我想起有人这么比喻烂资产，说烂资产就像是一个渣男 / 渣女，看起来人模人样，实则持有时间越长越亏。这样讲，或许大家就能理解了。

财富管理最大的功能，其实是让我们的财富保值，同时帮我们抵御风险。关于通货膨胀，我们在前面讲过它的厉害之处，疫情过后，想必很多人也体会到了它的可怕。开公司的老板们，会明显发现原材料、租金、人力成本都在上涨，几乎一天一个价格；而过日子的我们，也会越来越容易感受到钱的不经花。

举个最近刚发生在我身上的例子，我去年的时候心血来潮买过一台烤面包机，价格是 28.8 元，非常便宜，并且到手也很好用。后来因为长时间不用被我扔掉了，结果扔了又想吃烤面包了，只能再买一台。我这人比较懒，就去历史订单搜了同款，结果在今年这款面包机价格已经变成了 57.6 元，整整翻了 1 倍……一般来说，如果不是价格超敏感人群，很难发现通货膨胀。但到翻了1倍这种情况，真的是非常夸张了。

而财富管理，一方面通过投资理财，帮助我们抵消通货膨胀的压力；另外一方面通过合理的资产配置，帮助我们预防风险，比如新冠肺炎的黑天鹅事件，如果配置了重疾险、手头有灵活的钱，就能很好抵御经济下行时的压力。

三个财富管理思维

1. 找到你的第一桶金

学习财富管理思维，不一定需要财富；但当你学会了这套思维，必然要用于财富。所以，回到财富自由最原始的母题，拥有自己的第一桶金。其实对于普通人来说，在任何时候，在任何年纪，积累财富都很重要也很必要。因为第一桶金越多，你通过财富管理这根杠杆撬起的就越多，就越早实现财富自由。

如果你现在年纪在 25 岁以下，那可以先不考虑存钱。在我看来，如果 22 岁本科毕业，25 岁其实是很难存下钱的。如果赚到一些钱，可以先拿去满足自己的需求，比如上学时买不起的东西、去不了的地方、做不了的事情。人生是一场马拉松，要时而松时而紧，25 岁是需要放松的，并且在花钱的这个过程中，你会得到经济独立的快乐，你也会因此得到和社会建立连接的机会，从而在这个过程中不断去探索自己，挖掘自己擅长什么、不擅长什么。

说白了，这个时候花的钱，其实也是一种投资。投资给你的心智，让你能快速成长为一个社会人，能尽快成熟起来。25 岁之后，在我看来是一个毕业生真正成为社会人的阶段，在这个时候，就要建立自己的财富管理体系，并且养成一个健康的收入支出消费习惯，从未来的子女规划到近期的个人发展，从日常消费到大额支出，都要认真考虑，开始为自己的第一桶金而努力了。

当然 25 岁这个分水岭，是我根据自己的经历所得出的经验性结论，并不科学。每个人都有自己的成长周期，有些人可能刚毕业就能很快成熟，有些人可能需要更晚点，这些都很正常，但当然越早越好。

2. 做好风险管理

在新冠肺炎出现之前，你能预料到会发生这样的事情吗？肯定不会，也因此这种无法预料的负面事件，被称之为风险。财富管理贯穿一个人的人生始末，它不仅要帮助我们解决金钱难题，更重要的是帮我们做好风险管理。这个其实在前面提到过一点，但这里单独再提也是因为它实在是太重要了。

在这场为期三年的疫情中，有多少企业倒下了，又有多少企业乘风逆袭了？我敢说，能逆袭的企业必定有个有风险意识的老板。同样，我们个人也是。当企业倒下时，被波及最多最严重的还是我们普通人，如果疫情期间你被裁员了，又没有风险储备金，可能连最基础的生存都是难题。

未来有太多不确定性，有人身风险、财务风险，还有市场风险，任何一种风险都会造成你收入的中断，只能靠曾经积累的财富池自循环来活下去。如果这个时候你提前为自己保留了一份风险预备金，那你就会更容易度过风险期，哪怕是疫情期间被困在家中几个月，手中有粮，心中不慌哪。

在风险应对中，保险是比较常见的一种。所谓保险，其实就是保障风险，作为抵御风险的一道屏障线。提起保险，可能很多人心生厌恶，这个多是由于早期保险市场不成熟、营销手段不成熟给大众留下的负面印象，其实到现在保险已经是一个非常正规且合理的理财产品。在标准的家庭资产配置方案中（后文将详细概述），有一个很大的配置板块，就是留给保险的，作为家庭抵御风险的压舱石。

保险的种类有很多，简单来说，一般有保障型保险，比如寿险、健康险等，还有储蓄型保险。如果正处于事业上升期的家庭，建议大家配置好医疗险、重疾险、意外险和定寿险，做好最基础的保障。其中，医疗险和重疾险，能够帮助家庭转移健康风险，意外险和定期寿险则可以帮助家庭转移意外风险，四者合作，则可以为家庭抵御几乎所有风险。当然，我并非是专业的保险配置专家，这些建议是来自于我购买保险的经验，只是作为分享。

现在整个保险市场都非常的成熟，会根据不同家庭的情况，通过大数据和专家评估量身定制，虽然每年会花点钱，但买来的却是安心。我们都知道海面上的冰山很危险，因为看得见，但我们不知道海面下的冰山更危险，因为看不见。风险就是这样，当它没有发生时，一切似乎安好无事，但一旦发生了，则是追悔莫及。

3. 人生最重要的两笔钱

在漫长的人生中，有这样两笔钱我们一定要提前预备好：一笔钱是自己的养老金，因为它关系着我们晚年的幸福；一笔钱是孩子的教育金，因为它关系着孩子这辈子的幸福。

根据最新的人口普查数据，我国 60 岁及以上人口占比为 19%，已然超过了国际标准数据 10%，甚至要翻 2 倍，这足以可见老龄化社会的严重。在这样的情况下，我们很难把自己的养老寄希望于国家，或者说有国家养老固然好，但如果发生意外也就是风险时，我们还是有一笔自己的养老专用款会更好。所以，在你的财富管理规划中，一定要将养老钱计算进去。

另外一个则是孩子的教育金。在我写这本书的时候，ChatGPT 火遍全球，很多人都在担忧自己未来会不会被机器人取代。在我看来，很有可能，但在被取代的同时也会需要更“控制”机器人的岗位。在未来的社会中，将不会存在永久的工作，只会有永久的学习能力、将旧事物迁移的学习能力，这也是未来的孩子们所必须掌握的技能。

再苦不能苦孩子，再穷不能穷教育——简单却朴素的真理，对于孩子的教育，是一定要舍得下血本的。这种可不是鼓励大家去卷，而是去引导孩子的天性，去培养他的创造力。毕竟未来凡是能标准化的，都是机器人的领域，而不能标准化的创造力，才是人的长处所在。

第五章

获取财富的智慧

一、致富的底层逻辑

钱解决不了所有的问题，但钱能解决 80% 的问题，并且缓解剩下 20% 的问题。人要活着，要想充分地感受这个世界的丰富多彩，钱很重要。关于钱，我们都听过这样一句话，叫作“你永远赚不到你认知范围以外的钱”。什么是认知？我们整本书其实都在讨论认知，而这节则是讨论最逼近财富自由的问题，即致富的底层逻辑是什么。

在我看来，致富的底层逻辑是“价值交换”，价值可以是金钱，可以是人脉，可以是知识，可以是美貌，可以是陪伴，甚至可以是感情。甲之砒霜，乙之蜜糖，商业的本质就是价值的流通，致富不过是商业最终的结果，所以其逻辑自然是相通的。

打工人的价值交换

我们完成九年义务教育，再上高中，经过千军万马的高考“独木桥”进入大学，大学毕业进入社会，找到工作，开始打工人的一生。这是绝大多数普通人的一生，对于他们而言，最大的价值交换，其实是用时间来交换金钱。

为什么互联网大厂喜欢员工加班？难道他们不知道很多时候员工待着也不能创造价值吗？原因很简单，因为很多个人价值其实是无法被有效的成绩衡量的，比如一个项目完成了，每个人都很努力，那奖金是有限的，该如何分配呢？当个人价值没有那么突出时，工作时长便成了一个决策依据。

工作三年、工作五年、工作十年，如果你的个人价值一直没有得到提升的话，那便永远逃不开时间的魔咒，永远会有人盯着你今天上了几个小时的班，永远会以时长来衡量你的产出；只有当你的个人价值溢出到为他人可见时，你便上了一个台阶，从时间交换金钱，变成了个人价值交换金钱。这也是为什么很多公司并不会卡管理层的上下班时间，因为他们已经脱离了时间的魔咒。

商人的价值交换

很多人在工作几年后便会得出一个真相：给别人打工，这辈子是无法实现财富自由的，即用时间换金钱，是商业世界里门槛最低、效率最低的方式。在认识到这个真相后，很多人便会琢磨着自己单干，有的人选择去创业，有的人选择开饭店，有的人选择做个人 IP，总体而言，这都是在做一门生意。

对于商人来说，它的价值交换会更复杂，但因此产生的价值也会更高。

我给大家讲个小故事，大家就明白了：有一个小男孩叫作小明。小明很喜欢玩具枪，它的市场价格是 200 元。小明才上五年级，他没有钱，但他有一个全新的奥特曼。于是他有了这么一个主意——

他先找到一个喜欢奥特曼的人，换了一个玩偶；

再找一个喜欢玩偶的人，换了一套哈利 · 波特绘本；

再找到一个喜欢哈利 · 波特绘本的人，换了一个耳机；

再到一个需要耳机的人，换了一辆自行车；

再找到需要自行车的人，换了200元。

最终，小明拿着换来的200元钱，如愿以偿买到了自己的玩具枪。

在这个故事中，商人可以是卖玩偶的、卖绘本的、卖耳机的，也可以是卖自行车的，在一个巨大的交换齿轮中，有无数个交换的点，而商人则驻扎在这些点上，利用齿轮的运转，赚取自己的利益。

在电视剧《大江大河》中，小伙子把村里做的馒头，运到城里去换粮票，因为城里人不干农活吃得少，粮票比较充裕。同样的一斤馒头，在城里就比村里换得多。他拿着卖馒头换来的粮票，又在村里买更多的面，蒸更多馒头，再运到城里去换粮票。当粮票越来越多的时候，他就可以将粮票换成钱了。听起来很土的一个故事，却实实在在地体现了商业世界的“扩大再生产”的资本逻辑。

这两个故事核心都是一个运转逻辑，即你有物品A，小明有物品B，市场价值上B价值大于A，但小明需要A，且他没有A。这个时候，当你提出“用我的A来交换你的B，怎么样？”时，小明99%会答应。因为虽然B的市场价值大于A，但是在他的需求中，A的价值是大于B的，因此，小明会选择用B来交换A，你也会得到市场价值更高的B。以此类推，你再用B去交换价值更高的C，一步一步通过价值交换，实现财富自由。

这个逻辑通过文字表达或许有些绕，但大家多读几遍其实就能理解，其实就是四个字“价值交换”。理解了这个逻辑，你可能很快就会意识到一个问题，我怎么能找到恰好对A有需求的小明呢？这就牵涉出了一个概念，叫作“用户需求”。

如何找到小明？

如何发现需求匹配的客户，延伸到每个行业都是不同的课题，但展现出来的方式都大同小异，无非是“流量”二字。当A物品被人看到的次数越多，相应被匹配的客户就会越多，价值交换就会越快，那么A物品怎么才能被最多人看到呢？答案很简单，去人最多的地方，也就是现在互联网行业中最爱讲的“去流量最大的地方”。

寻找流量，有千变万化无数种方式，但简而言之其实就两种：一种是追随，一种是吸引。

1. 追随流量

追随流量，其实说白了，就是打广告，即哪里有人，我就去哪里；哪里人多，我就去哪里。广告收入，也是很多互联网产品的大头收入，比如今日头条、抖音、小红书，都是通过广告来赚钱，而投广告的广告主们，不论是企业，还是个人，都是通过追随流量的方式，来获取流量的。

追随流量还有个说法，叫作“营销”——很多词听起来花里胡哨，其实本质都是一样的。营销公司、广告公司所做的事情，就是高效地帮助客户追随流量，获取流量。这种方式，一般以企业为主，像头部的品牌，比如麦当劳、耐克每年都会砸收入的两成以上来做营销，也就是追流量。

2. 吸引流量

你若盛开，清风自来。在商业世界里，也是一样的道理。当互联网崛起时，聊天有微信、购物有淘宝、打车有滴滴、外卖有美团、娱乐有抖音，看似四方平和，大家一起满足了用户需求。但实际上呢，淘宝一直想做社交、美团天天想做电商，为什么呢？原因很简单，因为每个人都想扩充自己的流量池，都想将更多的用户吸引到自己的产品中来。流量池越大，可售卖的产品就越多，价值交换的齿轮不仅转得快，还转得多，自然利润就高。

这是站在企业的逻辑来解剖，通过扩展业务来扩充流量。那对于个人来说，如何吸引流量呢？逻辑仍然一样，扩充自己的业务，最典型的有这样三种方式：

用知识换流量

互联网时代，什么最容易被传播？是内容。这个时代，信息自由流通，知识也得到了最大的交换价值。你的工作经验、个人生活、观点、态度……只要你拥有知识，只要你能将知识转化为好的内容，就可以被传播出去。

最典型的就是在图文时代，微信公众号让多少普通人通过内容输出吸引了流量，又最终用流量变现实现了财富自由。现在虽然图文式微，但短视频只是更改了形式，并没有改变内容的本质，仍然可以通过内容输出来交换流量。

对于普通人来说，内容输出一开始很难吸引到流量。我个人因为是走这条路的，所以可以给大家一些建议：第一步，先确定自己的风格，写什么类型、什么方向，完成几篇自我满意的作品；第二步，收集这个类型的公众号，进行投稿。一般来说，好的内容是非常稀缺的，大公众号都会设置投稿机制，通过这些大号的传播，一边提升你的内容质量，一边打造你的内容 IP，逐步积累你的流量池。

除此之外，如果你是内容产出比较强的人，可以试着做一套课程或者一个增值服务，仿照市场上已有的形式，然后通过身边人的传播，将这些内容免费赠送出去。这些可以理解为你前期的内容投资，通过“免费”形式，让你的内容先传播出去，吸引到第一波流量。如果你的内容有价值，这些流量就会聚集在你的身边，随着时间的积累，包括口碑传播，也包括你的运营策略加持，你的流量池将会不断扩大，最终会链接到更多的人。

读到这里，可能有人说自己根本不懂内容，也没有任何一技之长，怎么办？其实关键并不在于你有没有这个能力，而在于你想不想做成这件事。只要你想，在互联网上你可以免费找到几乎所有技能的资源；只要你想，一技之长的学习，也并非难事。在这里再重复一句话，当你选择读这本书，选择学习财富的底层逻辑，你就已经选择了一条与普通人生活截然相反的路，学习一门知识，又算什么呢?

用情绪价值换流量

现在很流行一个词，叫情绪价值。我倒是对这个词的流行持乐观态度，因为它至少说明我们中国人终于开始关注个人的情绪健康了。很多不刷短视频的人，不懂短视频的魔力；沉迷短视频的人，则完全逃离不出来。这其中最大的原因就是爆款的短视频在诱导我们的情绪，让我们哭、让我们笑、让我们愤怒，最终都是通过控制我们的情绪，让我们不断沉溺其中。

短视频是现在最大的流量池，打开短视频，不管是帅哥美女，还是猫猫狗狗，抑或是娱乐八卦，它们的本质逻辑都是通过放大我们的情绪，来吸引我们观看，从而获取流量。掌握了情绪价值这个本质的关键词，哪怕是一个没有做过短视频的小白，也能评判一个视频的好坏：它是否成功调动了你的情绪?

商业的底层逻辑其实很简单，从古到今，本质从未改变，唯一变化的只是我们称呼它的方式。致富的底层逻辑，说白了，就是价值交换。你与其梦想一夜暴富，不如好好想想，自己到底有什么价值，能够作为杠杆最快撬起最大的财富?

二、财富是怎样产生的

知道了致富的底层逻辑，下一个环节，自然是我们如何利用这个逻辑来创造自己的财富。在第一章，我曾讲过财富的定义，大家还记得吗？财富包括金钱，但不限于金钱。财富的本质，是对有限资源的掌控。这种资源包括但不限于金钱、商品、教育、美貌、健康、自由等等。

在商业社会中，最底层的逻辑之一便是追求利益最大化。此处的利益，同样不仅仅指金钱，还包括自尊、名望、声誉、人脉。我们经常看到很多有钱人去做慈善，可以说他们有一颗大爱之心，也可以说他们是为利益所驱动。为什么呢？因为对于他们这个阶层来说，钱本身的数值增长带来的利益已经进入瓶颈，而公益慈善能为他们带来他们所在的阶层最为看重的东西——声望、名誉。

说到这里，可能有人觉得悲哀，人最终都是为利所驱动。我想解释下，“逐利”就和“贪婪”“欲望”一样，只是人类的诸多本性特质之一，正向引导可以推动社会进步，达到双赢，而只有跨过那道红线，才会对他人对自己造成伤害。我们一定要客观、理性地去看待这些词本身的意义，不要让价值观先行。切记，对任何事物，要先接受，再判断。

说远了，我们回到正题。从财富的底层逻辑来看，这个世界上只存在三类人：

第一类：生产者

生产者说得直接点，就是打工人。我们在前一节讲了打工人的价值交换，是通过时间来交换金钱。时间是个笼统的概念，再拆分一层，便是生产能力。你能生产什么，你就通过单位时间内你所生产的东西，来交换金钱，这才是一个完整的闭环。比如最古老的农民靠种地卖粮食换钱、工人靠搬砖卖体力换钱；再高级点，比如我靠写作卖知识来换钱，老师讲课也是靠卖知识来换钱。

第二类：配置者

配置者也说得直接点，就是高级打工人。对于生产者所生产的资源，具有一定的支配能力。比如建筑工地的包工头、培训机构的领导等，他们依靠配置生产者的劳动成果来获取报酬，企业家、创业者也都处于此类。

第三类：顶层配置者

这类人是人口占比最小的一撮人，却掌握着最多的财富，是真正站在金字塔尖的人。配置者是对生产者的支配，那顶层配置者也可以理解为对配置者的支配。听起来有点绕，但其实顶层配置者还有一个名字，叫投资人，这下就容易理解了。

什么是投资人？投资人离真正的生产者很远，但生产者生产的所有成果都归他们来操控。他们通过掌控配置者来完成这一切。很多时候，我们对公司的经营策略都不理解，明明这样做有问题，为什么领导们还要这样干。很简单，那是因为他们也被配置了，顶层配置者站在更高的维度，对策略做出了指示。

当然，我用金字塔的层层控制模式来解释比较简单粗暴，在真正的现实生活中，三者的关系其实是很复杂的。比如大家都知道阿里巴巴已经是国内顶级互联网企业，但它背后还站着一个人，那个人叫孙正义。另外还需补充的一点是，随着经济全球化的增长趋势，顶层配置者已经不限于国籍了，资源可以流动到哪里，他们就可以去到哪里。

按照这三类角色的划分，我们获取财富的渠道也变得简单：生产资源、配置资源、配置配置者。

1. 生产资源

大部分人，其实包括我自己，都还是资源的生产者，通过出售自己所生产的资源，来换取报酬。这也是人数占比最多的一个群体。在这个阶段，最有效率的提升方式就是教育。中国人有句古话，叫“再穷不能穷教育”，其实是因为教育是最快改变生产者地位的方式。虽然职业无贵贱，但是工资有高低。且不谈创造的价值大小，老师、白领就是比农民、工人的工资高，待遇好，这是最有力的证明。

生产资源的价值 = 单个物品的价值 × 时间，根据这个公式，如果你目前也是一个生产者，可以通过教育来掌握更具价值的生产技能，提升你的单个物品的价值；也可以通过大量的社会实践来不断提升技能熟练度，缩短你的时间，这都是可行的方式。

2. 配置资源

这类人并不生产资源，他们是通过自己的方式来重新配置资源或者提升当前资源配置的效率，通过效率来赚取利益。大部分的企业家都属于这一类。

在原始社会，最具价值的生产力要素是人力资本；到了封建时代，最具价值的生产力要素变成了土地资本；而现代社会，最具价值的生产力要素则是资源，包含人力、土地、金钱等综合资本。为什么很多人最终都会去创业？除了有梦想、有能力，更重要的是他们都想从生产资源变成配置资源，努力向上攀爬。到了这一层，至少他们不用再去生产资源，而是可以将资源汇集，通过这些资源撬动更大的“蛋糕”，从而实现经济和时间自由。

从大的角度讲，配置者是一个社会运转良好的关键。他们的数量和素质，基本决定着这个社会的资源配置效率，也就是生产力水平。但创业是风险很高的事情，我不鼓动任何人去盲目创业。创业不仅对个人的能力有极高的要求，还需要他的心智更成熟，在此之外还需要极好的运气。比如四十年前的改革开放，那就是一个千载难逢的机遇。在那个时候，只要是大胆出来创业的，即使没有高教育水平、没有过人的见识，也能成为企业家。

对于创业这个事，和打仗没什么区别，有时候不仅看你自己的能力，更要看时代的脉搏。当然我也不是说让大家对创业这个事想都不要想，只是希望大家理性判断，平时善于积累，当你所认为的时机到来时，才能把握住，一飞冲天！

3. 配置配置者

社会的财富，从表面上看似乎属于无数的生产者，但实际上是属于少数配置者，再往深看，其实是属于极少数的顶层配置者。

顶层配置者与配置者之间的区别，其实就是投资人与企业家的差别。顶层配置者不参与企业的任何经营管理，只是站在背后从宏观角度进行资源配置。配置者控制的是生产者所生产出来的各种各样的消费品，而顶层配置者，控制的是配置者的企业。就像孙正义投资马云，马云是配置者，孙正义是顶层配置者。马云拥有无数生产者，而对于孙正义来说，他有无数个马云。

说到这里，我们已经知道，第三类人比第二类赚得多，第二类人比第一类人赚得多。要想实现财富自由，我们必须从第一类人开始，不断往上攀爬。我个人在这条攀爬的路上，有这三条经验分享给大家：

第一条，资本积累

第一桶金是最重要的，通过时间换取金钱，完成初步的资本积累。万事开头难，这一步最重要也最难。这里有两条路，大家可以选择：一条是扩展自己的能力，当“多边形战士”，什么都能干；一条是垂直挖掘自己的能力，我选择了深耕写作这条路。每个人都有自己的路，最重要的是选择了就千万不要轻易摇摆。

第二条，用钱赚钱

这个方法随着现在投资观念的普及，已经众所周知了。股神巴菲特就说过，当你闭眼睡觉时你的钱还在为你赚钱，你就离财富自由不远了。只要你口袋里有钱，就可以去理财投资，比如股票、基金、黄金、买房等等，不要浪费你口袋里的每一分钱，像你的老板榨干你一样，你也要榨干自己的每一分钱，把每一分钱都变为生出另一分钱的原始资金。等你有了足够的本金，你就会知道用钱赚钱是这个世界上最简单的一件事。

第三条，给时间加杠杆

我们前面说过，金钱 = 生产资源的价值 = 单个物品的价值 × 时间。短期来看，单个物品的价值是很难改变的，比较快的方式是增加时间。假设你每天工作 9 个小时，每个月工资是 5000 元，现在你工作时间翻倍，每天工作 18 个小时，每个月工资 1 万元。如果再加 6 个小时，你的工资还能涨，但不可能了，因为一天只有 24 个小时，你还需要时间休息。所以，这就得出一个结论，我们很难通过自己的加倍工作时间来获得大量财富，甚至即使获得了，最终还得送医院去。

那怎么样才是正确且有效地给时间加杠杆，通过时间来实现财富自由呢？很简单，占用他人的工作时间。换句话来说，让他人为你工作。其实再说白了，就是努力成为配置者。当他人为你工作的时间越多，你所得到的生产资源价值就越多，所能换取的金钱也就越多。这其实也就是让钱赚钱的另一种方式，人力投资。

有个已经实现财富自由的朋友，跟我说过这么一句话："如果能用资本赚 1 块钱，就绝不用自己的体力去赚 100 块。"分享给大家，我们一起琢磨琢磨这其中的道理。

其实掌握了致富的底层逻辑，很多事情说来说去都是那么回事，无非是换了个说法、换了个角度，最终所描述的事物本质，永远是一个样子。但尽管如此，掌握底层逻辑，也只是知道而已，从知到行还有很远的一条路。

三、后疫情时代的资产管理

2022 年 3 月，胡润研究院发布了《2022 胡润全球富豪榜》。在疫情的冲击下，全球拥有 10 亿美金的富豪不减反增，新增 153 人，总数达到了 3381 人，再创历史新高。其中，中国以拥有 1133 位 10 亿美金富豪，排名全球第一，同比去年增加 75 人；其次是美国，拥有 716 位富豪，相比去年增加 20 人。

在连续三年的新冠肺炎的冲击下，财富金字塔变得越发陡峭。随着疫情所带来的全球经济大放水，人工智能技术的发展带来了科技创新，有钱人的数量和所拥有的财富值也正在不断跃升。而与富豪数量增长相对应的是，在疫情期间，全球各地的工人阶层，减少了高达 3.7 万亿美元的收入。

身为普通人，我自己也有切身实际的感受，生活难、压力大。从 2020 年持续到 2022 年的疫情，给普通人施加了巨大的压力，车贷、房贷、家庭开销都是压力。甚至有很多人在疫情裁员浪潮下失去了工作，完全没有收入，仅仅靠着积蓄来过日子，导致不少人的房贷出现了断供，连法院拍卖的房产在疫情期间也创了多年新高。

在我身边的朋友里，因为疫情这只黑天鹅的出现，有人公司资金链断裂，一夜愁白头发，解散了上百号员工；有人上有老下有小，却因公司业务收缩裁掉了中间的管理层，被迫失业；有人 2020 年初刚交了三年租金开了饭店，赔了个精光，到现在债还没还清……

疫情的突袭也给很多人狠狠上了一课，原来风险离我们如此近，原来金钱对于我们是如此重要，原来拥有抗风险能力是一件如此有安全感的事情。2022 年底疫情封控解除，在后疫情时代，如何吸取这次疫情的经验，管理好自己的资产，为资产建立好抗风险能力，成了一件每个人都应该思考的事情。

所以，后疫情时代，普通人应该如何吸取经验，重新建立自己的财富水池呢？

首先，我们先来看后疫情时代有哪些特点。对症下药，方能药到病除。只有看清变化，了解变化，并且顺应变化，才能永远走在变化的前面。

特点 1：经济低速增长成为常态

自 2000 年后，我们国家的 GDP 基本保持年均 10% 左右的增幅，最近几年则出现下滑，2019 年为 6%。由于疫情影响，2020 年仅有 2.3%。目前疫情基本解除，但经济的恢复需要时间。可以预见在未来的一段时间内，GDP 将长期处于低速增长的状态，保持在 6% 以内。

经济低速增长体现在我们个人普通生活中，最主要的则是影响了投资回报率。简单来说，就是承担同样的市场风险，但所获取的收益将低于以前，通过投资获取财富增长的速度大大减缓。同样，如果在市场中产生损失，想通过投资将损失重新赚回来，需要的时间也会比以前更长。也因此，在后疫情时代，如果不是特别有自信，或者资产特别雄厚的，高风险投资我们量力而行，以保本收益为主。

特点 2：存款利率将长期处于下行通道

自从改革开放后，我们最高有过 10% 以上的存款年利率，但进入 21 世纪以来，存款利率一直在下降。在撰写本篇前，我看了一下，目前一年期的存款利率为 1.5%，三年期为 2.75%，五年期大额存单和国债的最高利率也都下降到 4%。

中国人民银行的前行长周小川曾说过："中国可以尽量避免快速进入到负利率时代。"仔细读这句话，其实年利率为 0 是不可避免的大趋势，只是在于何时到来而已。就在我写本篇的 2023 年 3 月 19 日，央行宣布降准 0.25 个百分点。简单解释下降准，央行为了保证普通人的存款安全，规定商业银行必须保留一定比例的存款，来保证资金的流动性；降准则是降低这个存款保留的比率，也就是银行的存款准备金率。降准和存款并没有直接的关系，但是降准会使银行的可使用资金增加，对个人存款的需求减少，由此会间接造成存款利率的下调。直接点说，存款 0 利率就是一层薄薄的窗户纸，不知道什么时候就被捅破了。

特点 3：阶层将不断固化

从前面的胡润富豪榜数据也可以看出来，在连续三年的新冠肺炎的冲击下，财富金字塔变得越发陡峭。根据二八法则来看，20% 的人掌握了这个社会 80% 的财富。这其实是社会发展无法避免的一个通病，是每个国家发展进程中都会遇到的问题，只是看各个国家如何处理。对于我国来说，"共同富裕"一直是一个主基调，并且已经制定了一些政策，比如扩大房地产税试点范围，比如在 2022

年对明星和主播开展税务清查，在社会上掀起了一阵沸沸扬扬的讨论之声。其实这些动作，都是为了通过人为雕琢来修补这座财富金字塔，让它不要那么陡峭，变成以中产阶级为主的更稳定的橄榄型结构，逐步靠近共同富裕的终极目标。

特点 4：老龄化问题愈加严峻

在最新的人口普查数据中，60 岁及以上人口占总人口 19%，约 2.64 亿人。根据国际标准，当一个地区或国家 60 岁及以上人口占总人口的 30% 时，就可以被定义为重度老龄化社会。而我们已经快接近这个数据了，足以可见老龄化社会的严重。老龄化社会的趋势，再叠加年轻人晚婚化、少子化等因素的影响，未来一段时间内老年人占比将会继续增加。与此同时，随着科学技术的发展，医疗水平也不断提高，人口预期寿命目前已经接近 80 岁，并且这个年龄还在持续增加。

在以上诸多因素的影响下，如何养老已经成为一个痛点。根据社科院的估算，全国城镇职工基本养老保险基金可支付月数已经持续下降，预计到 2028 年将降至 10 个月，到 2035 年将耗尽。当养老保险基金用尽，到时候养老真成为一个大难题。前几天，国家已经提出延迟退休年龄，但这只是治标不治本。说句老实话，我们的养老最后还是要靠我们自己。

综上所述，经济低速增长成为常态、存款利率将长期处于下行通道、阶层将不断固化、老龄化问题愈加严峻，在诸多因素的持续叠加下，不管是个人财富还是家庭财富，都面临着极高的不确定性。我们先来分析下后疫情时代，家庭未来所要面临的主要问题：养老问题、孩子教育问题、收入中断问题、财富传承问题，不管你是否知道这些问题，也不管你是否认为应该提前应对这些问题，但它们都是客观存在的。事实本身不以我们意志力为转移而消失。我们所能做的，就是尽可能收集信息，了解这些问题，并努力提前做好规划，避免在下一次“疫情”来袭时，像这次这样手忙脚乱。

在做家庭未来规划中，有一个简单又好用的工具，叫作“标准普尔家庭资产象限图”。它能通过四象限的方式，帮助我们正视家庭财富的配置比例，通过四个象限不同维度的配置，抵御不同程度的风险波动，让家庭始终保持在一个稳定的经济水准中。

我们先来介绍“标准普尔家庭资产象限图”。

从目前被应用最广泛的标准普尔家庭资产象限理论来看，四个象限可以代表家庭的四个账户，这四个账户根据不同用途将家庭资产分为四笔钱，分别为：要花的钱、保值的钱、增值的钱、保障的钱。

【要花的钱】基础配置，但容易配置过多

要花的钱，顾名思义，就是我们日常开支要花的钱，包括吃穿住行、娱乐消费等，都算在这笔钱里。一般来说，要花的钱建议保留可维持 3–6 个月开支的资金，用来应急。这个象限，基本人人都会配置，但问题是容易配置过多。

很多时候，发了工资、发了年终奖、发了分红，直接就存在卡里不管了。这样其实这些钱都算在了【要花的钱】这个象限中，导致家庭财富结构过于单一。日常开支是不怕了，花个几年都没问题，但问题是，这些钱长期不用，放在这里其实是一种巨大的资源浪费。尤其是当遇上突发状况，这样单一的账户配置就显得不堪一击。

【保值的钱】积水成海，却不被重视

保值的钱，是将短期内不用的钱，进行系统地打理，作为养老金、子女教育金、梦想金或者计划买房的钱，根据未来要支出的时间和金额，购买合适的理财产品。这笔钱有两个特点，第一是安全性，这笔钱作为家庭长期收入的保障，只要本金安全，收益不必太高；第二是长期性，作为对家庭未来的长期规划，如非必要，不要轻易动用。一般来说，家庭保值的钱配置比例为家庭资产的40%左右。

【增值的钱】高收益也意味着高风险，要注意比例

前面说过经济增长变慢、利率下行等诸多后疫情时代的特点，总的来说，就是资产增长变慢了。但纵使慢，还是能让钱生钱，在这笔增值的钱中，可以建立自己的资产配置组合，根据自己的风险偏好，适当且合理地投资股票、基金、房产等，这笔钱可以给你带来额外的收益，作为财富增值的主要增长点。

这里要注意的是，很多朋友一听增值会一股脑将钱都放进去，可能运气好大赚一笔，但最大可能是这笔钱最后亏得一干二净。所谓投资理财，就一定存在风险，一定要想清楚，将风险控制在自己可承受的范围之内，同时也一定要适当投资，不要将增值部分的钱的比例超过家庭资产的30%。

【保障的钱】重要性日益提升，但配置仍然不足

保障的钱，就是在风险来临时，为家庭提供兜底的钱，最典型的产品就是保险，像意外险、寿险、重疾险等，都在不同的领域为我们起着相同的保障作用。简单来说，这其实就是用日常积攒的一笔钱来帮助我们托底不可承受的意外，避免真正的风险发生时，我们一夜回到赤贫。

根据宜信财富发布的《2020年下半年资产配置策略指引》，在新冠疫情的影响下，大众的风险保障意识不断提高，越来越多的人开始在家庭资产配置中，规划这笔保障的钱。没有人知道明天和意外哪个会先来，但如果我们做好充足的准备，即使意外来了，我们也不会有太大的风险。

当然，对于处于不同阶段的个人，处于不同情况的家庭，四象限的配置比例也可以灵活变动，比如年轻时保障的钱可以适当减少，而随着年纪增大这笔钱也会增加。要想真正做好资产配置管理，还需要根据自己和家庭的实际情况来具体分析，现在很多银行都开展了免费咨询的业务，大家可以赶快为自己的资产做个健康体检！为后疫情时代的财富水池积累打好基础！（作者观点仅代表个人，不提供任何市场投资建议。）

四、节流守财，开源赚钱

《荀子·富国》有云："故田野县鄙者，财之本也；垣窌仓廪者，财之末也；百姓时和，事业得叙者，货之源也；等赋府库者，货之流也。故明君必谨养其和、节其流、开其源而时斟酌焉，潢然使天下必有余，而上不忧不足。"

开源节流也是我们国家理财的重要原则之一。所谓开源，为拓展财政收入的来源，让进到口袋里的钱多起来；节流，则是指收窄不必要的开销，让从口袋里掏出去的钱尽量减少，或者若是一定得花，尽可能花小钱办大事。国家财政都遵循这个逻辑，落到我们普通人的身上，要走向财富自由之路，说白了，也就是荀子所说的那八个字：开源赚钱，节流守财。

节流

说到奢靡富贵，大家第一印象一定是古代的皇上：穿金戴银，一掷千金，简直是极尽奢华。但这些观念都是受影视剧的影响，真实的宫廷生活其实还有另一面。皇帝作为一国之主，很多时候并不是我们想象中的那般花销无度，有的反而会主动提出开源节流，带头为黎民百姓和朝中大臣做出表率。

最典型的像汉文帝刘恒，这位刘恒皇帝便是电视剧《美人心计》中的男主。刘恒身为坐拥天下的皇帝，却十分勤俭节约。宋代《五总志》中有写，“汉文帝刘恒履不藉以视朝”。所谓“不藉”，指的是草鞋，意思就是汉文帝每天穿着草鞋上朝！足可见他对于“节流”二字之理解。

此外，他自己还经常穿着朴素耐穿的衣裳，深受他宠爱的慎夫人也衣着简单，连裙子都不能拖地。史书中都评价这位刘恒皇帝勤俭、宽厚、爱民，也因此在他的带领下，出现了文景之治的盛世。

提起节流，我们很多人第一印象便是“抠门”，认为自己每天辛辛苦苦地努力，竟然最后还变得抠抠搜搜的，往往难以理解。但你看这世界上最有钱的皇帝，都如此深信节流之道，那是不是也可以适当控制自己的欲望，合理消费呢？

关于节流，给大家分享 3 个方法：

1. 学会计算

学会计算，不只是会看价格，而是要学会计算收益和成本。前面说过，对我们普通人来说，唯一拥有的资源便是时间，我们的每一分钱都是通过时间换来的。也就是说，所有物品上标注的价格都不只是一串数字，而是你的时间。时间也是稀缺的，每天只有 24 个小时，它们组成了你的生命。

换句话来说，如果你随意买买买，那你花的不是钱，而是你的时间，也就是你的生命。比如说，你每个月工资 8000 元，不加班的话，每个月工作 22 天，每天工作 8 小时，计算下来时薪是 45.5 元。如果你要买一双 500 块钱的鞋，花费的便是 11 个小时。这么计算的话，这 500 块钱的鞋，你觉得还值吗？

为什么有钱人买东西从不看价格，不是因为他不在意价格，而是他的时间远比商品价格值钱。当我们还没有实现财富自由的时候，价格自然是衡量商品价值的关键，但不是因为我们在意钱，而是因为我们在意自己的时间。

如果你多出来 11 个小时，不管是给自己放一天假，无所事事地享受生活，还是去报班、读书、运动，想必都会比那双鞋带来的价值更大。

2. 学会记账

我身边有一个朋友，她就是一个白手起家的普通白领，但因为记账，不到 30 岁就在二线城市很好的位置买到了属于她的第一套房子。听起来有点唬人，记账又不是赚钱，怎么还能变出一套房子来？这就是记账的魔力。

在经济学上有一个词叫“拿铁因子”。它起源于一对美国夫妻，他们二人每天早上都一定会喝一杯拿铁。如此过了三十年，他们心血来潮计算了下，发现这两杯拿铁花掉了他们 70 万元。回顾我们日常的生活，有人喜欢抽烟，一天一包，假设一包 20 元，一年便是 7300 元，吸掉了一个月的工资；有人喜欢喝奶茶，一天一杯，假设一杯 15 元，一年下来也是 5475 元，大半个月的工资喝没了。一年统共 12 个月，这个抽掉一个月工资，那个喝掉半个月工资，这些生活中不起眼的消费，都是影响我们财富自由的“拿铁因子”，并且如果你不记账，便很难发现它们的存在。

我们讲过很多次财富自由的一个重要方法就是让钱生钱，而让钱生钱就要攒钱，记账则是很好的一个方法。现在市面上也有很多很好用的记账 APP，大家可以下载；如果怕泄漏个人信息，也可以自建 Excel 表格来计算，网上也有很多好用的模板。总之，实现财富自由如果分步骤，第一个行动步骤一定是“记账”！

3. 学会驾驭欲望

很多人看了上个方法可能忍不住反驳我，人生的乐趣不就在于这些“拿铁因子”吗？不就在于这些“小确幸”吗？如果连这些都要放弃，那实现财富自由还有什么意义？我非常同意这样的想法，但是凡事讲求适度，就像每天一杯奶茶，是不是可以调整为一周两杯或者一周一杯？既有益于身体健康，还能省钱。

很多事情并不是非此即彼，很多选择也不是只有A、B选项，往往还有C、D，甚至E。我们要做的，是俯下身去多想多思考，寻觅藏在万花丛中的那一抹绿。这个思考寻找的过程，我将其称之为“驾驭欲望”。

我说过很多次，人有欲望是一件好事，它代表着蓬勃的生命力，代表着奋斗的动力，代表着人最原始的价值驱动感。欲望之所以被人当作猛虎饿兽，往往是因为大多数人都放任欲望，被欲望牵着鼻子走，却从来未曾想也未曾有能力去驾驭欲望。驾驭欲望，就像是开车，欲望是发动机，车技好就可以开出速度与激情，车技差点就是普通人，再差点可能都不敢上路。在人生这条漫漫长路上，磨炼自己的车技是一件很重要的事。

我身边有一个比较富有的女性朋友，她本身家境不错，自己也非常努力，一路上名校，留学回国，进入金融行业工作，是非常优秀的一位女性。在她的身上，有一个明显与其他同等经济条件的人不同的点，她很少买所谓的奢侈品。我和她吃过几次饭，也见她背过很贵的包，但往往都是那一两个。有次闲聊我问到，她解释说很多人买奢侈包，买的并不是包本身，而是包所代表的社会资源的集合展现，通过展现资源来强调自己的价值。她偶尔也会有这种“显摆”的欲望，但会克制，因为她很清楚她的价值并不在于包，而在于她自己本身。

听完我还蛮敬佩的，因为我拿到人生第一桶金后，做的第一件事就是买车……并不是买车有问题，而是我当时其实还没有考到驾照，只是觉得有辆车看起来很体面。至少在那个时候，我完全被自己的欲望绑架了。

说句很玄妙的话，控制欲望其实就是修行自己的内心，能做到的人非常少，但做到的人都走到了金字塔顶端。不妨试试，从今天开始，试着慢慢控制欲望，把消费的主动权掌握在理性的手中。

开源

节流纵然好，但说到底，我们的收入大盘在那里，要想财富自由，大头仍然是寻觅赚钱的方法。赚钱的方法其实我们前面已经讲过很多了，再分享一个我个人觉得最受用的心得：不要通过延长加班时间挣钱，而是要让每个小时赚的钱更多。

延长加班时间，说到底是通过身体和时间来获取金钱，是性价比很低的赚钱方法。真正有用的是提升你的时薪。当你换下一份工作的时候，在拿到对方的工资报价后，结合他们的工作强度，合理计算你的时薪。如果你的时薪增长了，那才称得上涨薪；如果看起来工资涨了，但工作时间更长，那其实也就是合理的报酬而已。

很多年轻人不珍惜自己的时间，觉得反正在家没事，在公司加加班还能混个打车费挺好的。这是典型的短视眼光，人一生能纯粹投入奋斗的时间并不多，我们来算下：假设 22 岁大学毕业开始，30 岁成家立业，中间也就 8 年时间，你可以不考虑风险，专注投入自己的事业。成家立业并不是就不能投入了，而是年龄增长会带来精力的下降，与此同时社会责任也会逐渐增加，你的精力也会被分散。如果想实现财富自由，那必然是要抓紧黄金奋斗时间，轻装上阵，高效利用业余时间。下班时间，比起在办公室坐着等打车费，不如上网课、看书、运动等。

还记得我们说过的机会成本吗？当你贪图便宜或利益选择一样事物时，你失去的不只是当前事物的成本，还有潜在选择其他事物的成本！

开源节流，是真正的大道至简。很多人都知道，但做到的人寥寥无几。如果你真的想实现财富自由，就好好将它记在心中，并且从今天开始立刻行动！现代社会充满了各种风险，我们必须居安思危，既有开源赚钱的本事，又有节流守钱的智慧，才能应对这日日起伏变化的世界。有人说成年人的世界，只有筛选没有教育。我深表认可，也希望大家有朝一日能筛选他人，而不是等待被他人筛选！

五、依靠法律保护财产

法律，是由立法机关或国家机关制定，国家政权保证执行的行为规则的总和。一般情况来说，法律的目的是保护社会群体中绝大多数人的利益不受侵害，这其中自然也包括对于个人财富的保护。

《中华人民共和国宪法》第十三条规定，公民的合法私有财产不受侵犯。国家依照法律规定保护公民的私有财产权和继承权，同时，国家因公共利益也可以依照法律规定，对公民的私有财产进行征收或者征用并给予补偿。随着我们国家经济的迅猛发展，中产阶级的数量也日益增加，法律对于个人财富的保护也显得尤为重要。《民法典》第二百零七条就曾规定，国家、集体、私人的物权和其他权利人的物权受法律平等保护，任何组织或者个人不得侵犯。这一条相较《物权法》新增加了“平等”一词，更加体现了国家在法律层面对个人财富的大力保护！

在谈论法律如何保护个人财富之前，我们先来了解下，我们的个人财富都包括哪些。

《民法典》第二百六十六条，对于个人财富的范围这样定义：私人对其合法收入、房屋、生活用品、生产工具、原材料等不动产和动产享有所有权。那么，从这条法律条令来看，我们的个人财产范围包括：

第一，合法收入，指的是我们通过从事各种劳动所获得的货币收入、有价物。这其中又包括：1. 工资。工资是通过劳动所获得的最直接的报酬，有计件工资、计时工资、奖金、补贴、津贴、加班费、车补、房补、餐补、交通补贴等，都涵盖在这里面。2. 从事智力创造、提供劳务所获得的物质权利。包括稿费、专利转让费、演出费、咨询费、培训费、演讲费等。比如大家现在读的这本书，我所获得的稿费就属于这条。3. 通过债权、股权所获得的利息、股息和红利。这是很多企业家所拥有的，比如马斯克是世界富豪，他的一大部分财产就来源于股权。4. 出租所得。像大城市的“包租婆”出租大楼、房子，再土豪点的出租土地使用权，还有出租机器设备、车、船等所获得的收益。5. 转让所得。大楼、房子、土地等除了出租外，还可以通过转让获得收益。6. 中奖。包括得奖、中奖、中彩票以及其他任何偶然所得的收入，一夜暴富的彩票中奖就属于这一条了。7. 做生意获得的收入或从事土地承包等，为个体经营的收入，纳入这一条。

第二，房屋。房屋既包括我们在城市里买的房子，也包括在农村宅基地上依法盖的房子，还包括商铺、厂房等建筑物。说实话，我在了解这条法律之前，一直以为老家盖的房子没什么用，但其实从法律角度来说，我已经是“有房之人”了。关于房屋，还有一条限制，是根据土地管理法、城市房地产管理法以及民法的规定，房屋指的仅是土地上的建筑物，并不包括建筑物下的土地。

第三，生活用品。这其实就是指我们家里的贵重物品，如汽车、电脑、冰箱、手机等与我们日常生活息息相关的东西。

第四，生产工具、原材料。生产工具，顾名思义就是我们在生产时所使用的器具。在一些工厂中，可能包括机器设备、操作器械等。原材料则是生产时所使用的基础物质材料，包括钢铁、煤矿、石油等。这两个为什么放在一起呢？因为它们都是非常重要的生产资料，是社会进行生产的必要物品。

当然，这只是法律里列举出来的，后面没有写出来的“等”中，还包括其他各种各样的不动产和动产，既有艺术收藏品、书法作品、家禽、牲畜，也有合法投资所获得的收益，以及以上所有个人财产的继承权，都属于私人财产，都受到法律的保护！

另外，我在这里还想再补充一下，私人所有权是我们身为公民依法对自己的个人财产，所享有的拥有、使用、获得收入和进行处置的权利。而“私人”的界限定义，它不仅包括我们国家的公民，按照法律，只要是在我们国家通过合法手段获得财富的人，都属于这个范围。

总的来说，对个人财富的保护，其实是为了鼓励人们不断进行生产和创造，不断推进国家和社会进步。只有当我们的劳动成果得到合法保护时，我们才能全心全力地投入每天的工作，比如开店做生意，比如写一本书，比如每天不辞劳苦地加班工作。这一切都是因为我们心中的一束光，那束光可以说是钱，也可以说是钱所提供的美好生活，更可以说是守护我们财富的法律。

我们的私人财产可以分为两大类，分别是：个人财产和家庭共同财产。其实这个分类也是根据我们不同人生阶段的财富状态来划分的。

所谓个人财产，前面已经解释了很多，简单来说就是我们通过劳动或者其他方式所获得的报酬。而家庭共同财产则更为复杂，还有更详细的划分，在这里我们毕竟不是专业的法律书籍，简单将家庭共同财产等同于夫妻共同财产。那夫妻共同财产，通常来说，是夫妻双方在婚后所获得的报酬，原则上属于夫妻两个人的共有财产。不过对于夫妻共同财产，法律还有一些特殊规定，这些我们就不赘述了。除夫妻共同财产外，家庭共同财产可能还包括其他家庭成员共有的财产，比如我们看韩剧经常会看到很多财阀家族，对于他们来说，亲属之间的共同财产更重要。与之对应，对我们普通人来说，了解夫妻共同财产就差不多了。

为什么要将私人财产这样再进行划分呢？那是因为在我们传

统的文化环境中，这两个往往是纠缠在一起的。虽然现代社会已经是一个平等、自由、独立的氛围，但传统的“家族”观念并没有消解，真正的个人主义并没有建立，我觉得在未来也不会建立，因为这是属于我们华夏民族特有的文化。也因此，当两者的财富混合在一起时，非常容易发生纠纷。虽然我们有句老话叫“亲兄弟明算账”，但在真正的生活中，大部分人不管是对于兄弟姐妹还是对于夫妻，都是以人情为先，反而忽略了对我们个人财产的保护。

我身边就有一个朋友。她是非常努力也非常聪明的一个女孩子，一个人开公司，自己在深圳买了房，还给弟弟在家乡一个三线城市买了房，让弟弟和母亲一起住。母亲一个人年纪大了，她不经常回去，这套房子就当作是自己的孝心。当时买那套房的时候，朋友听从我们的建议本来要写自己的名字，但弟弟就觉得这样见外了，两个人闹得不愉快了，母亲也不高兴。为了哄母亲高兴，我朋友就把名字写成了弟弟的，想着好歹姐弟一场，送就送了。谁知道没过多久我朋友的公司出了点事情，资金周转不过来，就想着把送给弟弟那套房子卖了，等之后资金周转过来再换个大的——她弟弟刚好有了孩子，需要的空间更大了。但这个弟弟说什么都不肯，又恰逢她母亲去世，弟弟索性翻脸不认人，两个人至今都不来往。

这个故事用不同的角度看，能看到不同的东西。从法律角度来看，就是没有合理地运用法律的武器来保护自己的私人财产。

对于私人财产来说，我们前面讲的都是个人财产，接下来讲夫妻财产部分的一些知识，这些对于我们来说也是最实用、最常用的。

前几天有个客户问我，结婚八年，是不是婚前个人财产就会自动变成夫妻共同财产？我十分的吃惊，这都是 1993 年的规定了，早已经被废除了，也不知道他从哪里听来的。但我想，对夫妻共同财产有这样想法和误会的人，他不是第一个，肯定也不是最后一个。

关于夫妻共同财产，现在普及度最高的是签订婚前协议。俗话说，人心隔肚皮。爱情这种东西，来也匆匆，去也匆匆，今天共枕的身边人，谁也不知道明天会怎么样。如果是真爱，我想一纸书面协议也不会影响你们爱情的纯粹；如果因利而结合，那书面协议岂不是更关键？

首先，婚前协议能够避免夫妻感情破裂时，对于个人财产、夫妻共有财产、家庭共有资产的分配矛盾，尤其是针对家庭关系复杂的，比如再婚、涉外的家庭，通过白纸黑字的方式明确个人财产、债务等的划分，其实更利于家庭关系的和谐。毕竟，钱都说明白了，还有什么事情说不明白呢？

对于夫妻共有财产的处理，这一代年轻人其实看得更明白。我身边很多95后的年轻人，在结婚时，会主动找律师咨询相关议题。在他们看来，签订婚前协议也好，或者用其他法律方式也罢，都是为了在婚姻中保护好自己的个人财产，并不代表自己不够爱这个人或者其他。钱买不了幸福，但没有钱，更难幸福。同样的道理，法律保障的婚姻不一定幸福，但没有保障的婚姻更容易不幸福。保护好我们的私有财产，是法律赋予我们的神圣权利，我们要学会去灵活应用。

我国伟大的“导弹之父”钱学森曾说：“手上没剑和有剑不用，是两码事。”这句话非常适合作为本节的结束语。是的，法律就是我们手中的剑，我们可以不用，但我们必须知道自己手中这把剑怎么用。有时候，剑最大的作用，是震慑。

第六章

和财富焦虑说 No

一、你为什么想要拥有很多钱

自从疫情过后，每个人开口闭口都是搞钱，但却很少有人想过，自己为什么要搞钱，钱对于自己到底意味着什么。金钱就像是一面镜子，你缺什么，便以为它可以买来什么，但事实上，它只能买来商品。透过这面镜子，对现象盘根究底找到原因，我们才能对症下药，在实现财富自由的路上一骑绝尘。

对于有些人来说，钱意味着安全感

什么是钱？钱可以是一张纸，这张纸可以是美元，也可以是欧元、港元，还可以是马克、人民币。这些纸张唯一的区别就是图案不一样、设计不一样，但总而言之都是一张纸。这是从表象来看，越过表象，这张纸之所以值钱，是因为它可以买到资源。

这种购买能力，让它既可以让人肝肠寸断，也能让人欣喜若狂，还能让人看似拥有一切东西。在这样的魔力之下，很多人觉得有了钱，便是有了安全感。

什么是安全感？安全感说白了就是是否信任自己的能力。你能否看穿所有外在表现，从内心深处对自己产生信任，相信自己可以掌控自己的命运，相信自己可以战胜一切。人从生下来开始，最原始的状态都是安全的。所谓的安全感是因为不安全才产生的词语，在后天的社会生活中，我们感受到了不安全，因此产生了安全感的诉求。这种诉求或许与原生家庭有关，也或许是社会氛围所致，也有可能是自我要求产生，但总之大部分人都有这种诉求。

有诉求便要寻找解决方案。对于很多人来说，金钱是解决一切的良药，自然也包括安全感的问题。金钱能带来安全感吗？能，但也不能。

金钱的确可以在短时间内为你带来一种绝对的自信，让你从外在的确认与肯定中，相信自己拥有创造安全的能力，能够战胜命运，也能够克服一切。很多事情，有钱解决不了，但没有钱可能万万不行。我因为写作的原因，经常去咖啡馆一个人捧着电脑待着。在那里，我天天都能听到有人在谈各种各样的项目和资金，项目动不动千万上亿，但大部分的结果都夭折了。对面的投资人听着对方夸夸其谈，只是笑，就是不掏钱。在这样的场景里，不管项目是否真的有可行性，钱控制着这个项目的成本。我想，对于那些创业者来说，钱绝对意味着安全感。

从这个角度看，钱是可以带来安全感的。它们就像是《倚天屠龙记》中的倚天剑和屠龙刀，手中握刀剑去战斗和赤手空拳去战斗，还是有本质的区别的。但是，我们假设，如果有了倚天剑和屠龙刀，但是它们丢了，你怎么办？是会一夜之间重新沦为受人欺凌的穷小子，还是仍然是震慑武林的绝世高手？在武侠小说里，当然会是后者。为什么呢，因为能驾驭倚天剑和屠龙刀的人，本身就有一身不俗的修为，即使没有刀剑，他们照样可以大杀特杀。

真正的安全感其实是这一身修为，因为它们别人抢不走，你自己丢不掉，它不是一日建立起来的，同样也不会一夜之间消失。安全感就是这样，是真正藏在你的内心里，是展现在你的谈吐修为中，是你发自内心对自己的自信，是与外界声音无关的一种能力。

如果只是把安全感寄存在金钱上，那便会引出一个子题，多少钱才能买来安全感？十万、五十万、一百万、一千万，还是一个亿？说实话，我觉得哪怕你拥有全世界，没有安全感的人，仍然没有。因为那个时候，你会担心别人抢走你的钱，说不定那个时候你更没有安全感。

对于有些人来说，钱意味着自尊

我家境很普通，在还没毕业工作那会，就是一个穷得叮当响的学生。和我同宿舍的一个同学，他家在省会城市，父母是做生意的，吃穿都高我们一截，自然连生活费都是我们的几倍多。作为同学兼舍友，日常相处中难免有一种自卑感。比如大家一起在食堂吃饭，他一顿有肉有菜，甚至打好几个菜，美名其曰尝一尝，我则勒紧裤腰带，连打个肉都要抠抠搜搜。相较之下，青春期那点可怜的自尊真是丢了个干净。

我记得有一次，我们在一起打游戏，游戏里需要充值买装备，购买的时候我们起了一些口角。具体的话语自然是已经忘了，不过我仍然记得他最后说的一句话，那句话时隔这么多年，一直记在我的心里。他说，你这种想法，就是典型的穷人思维。我当时愣在了原地，脸涨得通红。一个本身就因为穷而心生自卑的人，最在意的就是其他人当面以此攻击他。我自此就非常讨厌这位同学，在心里暗想，不就是因为没钱才瞧不起我吗，我以后一定要赚好多钱让你瞧瞧。

说实话，后来很长一段时间，我努力的动力都是这句话。我想对于很多人来说，金钱最具价值的一面，就是可以买来我们的自尊，买来他人的尊重。每天醒来，挤地铁、忙工作、哄孩子，为柴米油盐折腰，在这样为生计奔波的生活里，最害怕的或者说最无法忍受的便是他人的轻视——我都已经这么努力了，竟然还被人瞧不起。

就像诺贝尔文学奖获得者莫言所说，所谓自尊、面子，都是吃饱了之后的事情。翻译过来，自尊那都是有钱人的事情。我也一直抱着这样的想法，甚至还想着同学聚会的时候，一定要狠狠在他面前炫耀。

但后来，也许是知识的积淀，也许是年龄的增长，有一天我读到了曾国藩的一句话，他说，“越自尊大，越见器小”。意思是，你越把自己的自尊看得重要，你的器量反而越小。在我们的社会文化中，其实是非常强调自尊、骨气这种气质的，但这句话却反向解释了自尊的弊端。读到这句话的当晚，我彻夜难眠，一直在思索当年的那句话。后来慢慢理解了，曾国藩所说的这句话并不是要让我们不要自尊，而是不要让我们为自尊所绑架。

如果我因为那位同学的一句话导致我的自尊受伤，而用同样的方式去报复他的话，那我不就变成跟他一样的人了吗？现在想起来，他说那样的话，只能证明了他思维的狭隘。至少在当时他的世界里，认为一切都是可以用钱衡量的，这是多么市侩的想法啊！而我竟然一直被这样的想法裹挟，差点变成跟他一样的人。

让自尊小，是要给我们的心腾出空间，去放置更多的东西。人的视野是有限的，当你把所有注意力都放在自尊上时，反而会忽略更多的东西。同样的道理，如果你想通过金钱来买到自尊，那更是可笑的。钱只能买来他人市侩的吹捧，毕竟你身上有利可图，而当利散去，你仍然没有自尊。

对于有些人来说，钱意味着躺平

很多年轻人想要钱的最大原因，就是想躺平。每天早上睡到十二点，看看视频，吃吃饭，继续睡觉，想买什么买什么，不用上班不用社交，无忧无虑，清闲自由。但真的是这样吗？其实我在第一章就讲过，躺平其实是一个伪命题。

有部非常经典的科幻电影，叫《黑客帝国》，里面智能电脑“母体”为人类设置了一个幸福快乐的程序，本以为人类会一辈子幸福快乐地活着，但谁想到人类却觉得无聊，最终成批地自杀死亡。而在第二代里，母体设置了抗争苦难的程序，人类有目标了，有事情可以做了，反而过得很长久。

同样的设定，在小说《美丽新世界》中也有。在美丽新世界中，每个人都过得非常快乐，没有痛苦、没有悲伤、没有眼泪，也没有任何需要做的事情，但却偏偏有一群人要逃到一个地方，在那里过着苦不堪言的日子，去寻找自我。

躺平为什么是伪命题，是因为人类需要价值感。很多年轻人口中的躺平也并不是真正的躺平，只是不做自己不喜欢的工作，不与自己不喜欢的人社交，他们只是希望时间和精力能用到自己喜欢的地方。如果你真的财富自由了，可以像个米虫一样，吃了睡睡了吃，其实并不现实。因为真正的米虫，也是有很多工作、很多事情要做的，这些只不过身为人类的文明不知道罢了。

幸福是因为痛苦而存在的，快乐是因为悲伤而存在的，如果这个世界上没有了反面，那么正面也将不复存在。现在每天上班，如果有一小时看落日的时间，你就觉得好幸福，但如果你日日看落日，或许落日也就是一抹光罢了。

所以，不必把安全感寄存到金钱上，也不必把自尊强加给金钱，更不要觉得有钱躺平就很快乐。从现在开始，认真想一想，你是从哪个瞬间开始觉得自己一定要有钱的？那个瞬间，或许是你对于金钱欲望产生的源头。顺着那个源头往前走，或许能发现更深刻的东西。

有人可能会想问，我只是想搞钱，为什么要知道这么多复杂的东西。原因很简单，因为搞钱本身就是很复杂的一件事，当你以复杂的视角审视这个世界，你就会觉得它特别简单；而如果你总是以简单的视角看这个世界，你就会发现，太复杂了，太害怕了！

总而言之，我们人类本身就是复杂的动物，喜欢没事找事的动物，有很多欲望的动物，看清这个本源，你会在财富自由的路上走得更加顺畅！

二、成为百万富翁对你来说意味着什么

曾经全球顶尖的专业基金公司发起过一项调查，是关于白手起家的富翁们的收入构成，也就是说他们是怎么赚钱的。调查结果显示，这些富翁们的收入主要分为两部分：一部分是企业工资，一部分是利息、股息和资本得利，并且这些收入占比，自 1989 年以后就基本没有变化。

在这个结果之后，美国一位企业家拉斐尔·巴齐亚又做了一项调查，他花了 5 年时间，对全球 21 位白手起家的富豪进行面对面访谈，并总结出了 5 个规律：

第一条，多元的收入来源。在调研过程中，65% 的富豪有 3 种收入来源，45% 的富豪有 4 种，更有 29% 的有 5 种甚至更多。在这些收入中，除了工作的工资收入外，还包括理财投资、房产租赁、分红等。也就是说，当你的收入来源越多，你的财务就越健康、越安全。

第二条，为了投资而储蓄，而不是为了储蓄而储蓄。这条我们在前面强调过很多次，存款的最大价值在于用钱生钱，千万不要本末倒置。

第三条，坚持阅读，坚持锻炼。这条我们也讲过，阅读本身无法获得直接收益，但阅读所获得的知识是建立所有认知的基础。AI 为什么可怕？是因为它时时刻刻都在阅读、学习，这种信息的海量

输入能带来质的变化。但我们不是AI，我们需要休息，所以更需要高质量内容的摄入。除了阅读，身体是所有认知的承载体，坚持锻炼、坚持运动，保持大脑的敏感，也是很重要的。

第四条，放弃稳定的工资。一辈子拥有一份稳定的工资，是大多数人一辈子的生活。虽然饿不死，但也很难实现财富自由。这条在我看来，带着一些时代的局限性。在现代社会，在坚持稳定的工资的同时，我们普通人也可以通过业余时间，创造第二职业曲线，也能实现财富自由。

第五条，明确目标，坚定执行。这个世界上有很多人嘴上说想实现财富自由，但大部分人都是凑热闹罢了，他们既没有想过为什么要实现财富自由，也没有思考如何实现，只是随口一说罢了。世上无难事，只怕有心人。只要你敢想敢干，一切其实都有法可循。

我经常听到一句话，说当一个人赚到人生中的第一个一百万时，便拥有了直面命运的勇气和掌控生活的能力。这句话自然有夸张的成分，但的确，当我拥有人生第一个一百万时，我对生活产生了一种清醒感。在这个时代，一百万其实什么都干不了，但如果你是凭自己能力赚到的，那恭喜你，基本已经形成了自己的财富之道。接下来要做的，不过是重复这个方法罢了。

所以，成为百万富翁从来不是我们的终点，而是我们的起点。因为当你成为百万富翁时，意味着你拥有了这些能力：

1. 掌握规律的能力

前几天，有位做直播实现财富自由的朋友和我聊天。他说社会运转其实有一套规律，但关键并不在于你有没有发现这个规律，而在于你是否尊重规律。当直播浪潮开始时，其实他身边很多人都意识到了这个东西是未来的趋势，但是他们不愿意去改变，或者是觉得直播太浅薄，不愿意去做。他那会刚好闲着在家，就去试了试，一试就试出来了个机会。

他的角度很有意思。我们以前总觉得很多规律、信息掌握在一小部分人手中，但其实这部分人未必成功了。你不仅要知道规律，且要相信规律，拥抱规律，才能吃到规律的红利。这种思维其实也是共通的，所谓财富的底层逻辑，也就是社会运转的底层逻辑，也是经济发展的底层逻辑。当你掌握了财富的底层逻辑，其实也就已经了解了这个世界最基础的运转规律了。

我们的父母那辈，其实是非常勤恳的一代人，每天早起晚归，忙忙碌碌，但最终其实没赚到什么钱，甚至一年的收入还没有我一个月的工资高。为什么呢？因为他们一直埋头在自己的世界里，根本不懂这个世界想要什么。他们不理解，社会是通过利益交换来运转的，他们所创造的利益其实是非常非常低的，因此很难赚到钱。

所以，从某种程度上说，当你凭借自己的能力赚到第一个一百万时，你已经掌握了一些规律。这些规律，将是你撬起下一个财富的杠杆！

2. 更强的认知能力

在一些人的认知中，花钱是一种浪费的行为。很多人在挣了很多钱后，给自己买一件 500 块钱的衣服，都觉得十分浪费。甚至有更夸张的，有些人认为一切消费都是浪费，世界上根本不应该有消费这种东西。勤俭节约是美德，但更强的认知会告诉你，会花钱更是一种能力。

就拿买衣服来说，很多时候外形是人的第一价值体现。我的一位做形象设计的朋友说过这么一句话，他说在他的认知中，关注自己外形的人，会对生活更热情、做事也更认真。当然这只是一条个人经验，我所说的形象也不是要求我们像明星一样精致，只是在合适的场合穿合适的衣服，不能说加分，但至少不要让外形为自己减分。好的开始，是成功的一半，而当你与客户见面时，第一眼就是你的开始。

孔子说，“一阴一阳之谓道”。凡事都有两面性，有阴亦有阳。当我们拥有第一个百万时，那个时候，我们的认知应该是已经迭代升级过的，会对一些看似真理的常识发出质疑的声音，而这些声音才是一百万的价值。

3. 更自律的你

财富的积累，除了运气好外，绝大多数时候都需要我们付出一定的努力。有句鸡汤语是这么说的，“你在三四月做的事，在八九月自有答案”。我自己很喜欢，越是具有价值的事，越难在短期内看到成果。就像股神巴菲特，他之所以厉害，就在于他所信奉的是长期价值主义。

生活的山，需要我们一座一座翻；生活的坑，也需要我们一步一步迈；同样，人生的第一个一百万，也是我们一点一点努力出来的。在奔赴财富自由的路上，在我们不断迎接挑战的过程中，我们亦会不断精进、不断成长，迎来一个更好、更优秀的自己。

当我们拥有一百万时，所要做的不只是骄傲，或者嫌弃自己（才一百万而已），而是应该去复盘，我做对了什么，才拥有了这一百万？一百万无法实现财富自由，但它可以作为你的第一桶金，帮你踮起脚尖，看到更大的世界。

有人说，当你觉得自己快撑不下去的时候，恰恰是你力量最强的时候。所以但行好事，莫问前程。当你拥有一百万时，你所沉淀的能力，将会带着你在下一个金秋时节满载而归。

4. 更宽广的视野

有这么一个故事，一位富豪坐邮轮出游，靠近港口时，他遇到一位正在睡觉的渔夫。富豪走到渔夫身旁，问他为什么不捕鱼？说只要他捕到更多的鱼，就能赚更多的钱，就可以买船雇人来打鱼了。渔夫问富豪："我为什么要这么做？"富豪很理所当然地说："那样做的话，你就可以不用担心生计，可以每天开开心心坐在码头上，晒晒太阳睡睡觉，欣赏美丽的大海。"你们知道渔夫怎么回答的吗？他说："我现在就过着这样的生活呀。"

大家觉得一样吗？至少我觉得是不一样的。渔夫如果是一个人生活，年轻时过这样的生活还行，年纪大了呢？其实有很多问题。而富翁，他不管时间如何流逝，可以随时在想看大海的时候，就来看大海。我举这个例子，其实是为了告诉大家，金钱最大的魅力，并不在于物质的享受，而是很多有限事物的体验。

如果你是一个互联网行业的上班族，那你无法知道自己每天错过的日落是多么漂亮；如果你是北方人，那你无法想象波澜壮阔的大海多么美妙；同样，如果你是南方人，你亦难以想象沙漠与高山的壮阔。以上这些，我们作为普通人稍稍努力，其实还可以实现。那这些呢？去冰岛看一场极光，去佛罗里达享受棕榈沙滩，去非洲看动物大迁徙，体验不同民族的文化，爬上最高的山，看到最棒的世界……这些不仅需要很多钱，还需要时间。说实话，这些我一部分实现了，一部分正在努力。

我觉得财富自由最大的价值就在于，我们可以把时间花费在能为我们带来更多体验的事情上。很多人在拥有一百万之后，反而更痛苦，因为身边的人拥有了五百万。这种想法其实很幼稚，金钱从来不在于数量的多少，而在于它为我们创造的价值，它能为我们带来精神成长，亦可以让我们更好地感受世界。

日本人中最会生活的一个人叫松浦弥太郎。他曾说："最好的用钱之道，就是将钱花在丰富个人体验上。"根据调查，将钱花在增加个人体验上的人，比将钱花在物质上的人会过得更幸福。其实这也很容易理解，买一件漂亮的衣服固然会开心，但这种开心是逐渐下降的，但策划一次旅行、看一场电影、读一本书不同，这种体验会持续留在你的记忆中，反复在不同的阶段为你留下最深刻的体验。

我们总是会被问你最喜欢的地方是哪里、最喜欢的电影是什么、最喜欢的歌手是什么，但很少会被问你最喜欢的衣服是什么，为什么呢？因为后者太容易更换，太没有价值。宾夕法尼亚大学的马丁·塞利格曼指出，"物质就好比一杯法国香草冰激凌，第一口味道惊为天人，但吃到第七口，就味同嚼蜡"。换句话来说，我们应该用钱来拓宽视野、创造体验，而不是买买买。

在这个世界上，很多东西都能被夺走，包括财富。唯一任何人都带不走的，只有你的能力和你的体验。为什么疫情期间，大家在家都被关疯了，都想出去走走？因为那就是体验。吹一阵风、发一会呆、看看天、看看夕阳，这些东西，是我从始至终认为，实现财富自由最终极的目标。

所以，成为百万富翁对你来说意味着什么呢？我想就是一句话，当你成为百万富翁时，你一定是一个更好的你！

三、摆脱原生家庭财富模式

在我研究财富这门学问后，被提问最多的问题，都是关于金钱的。但是与大家想象中不同，我被问最多的并不是“如何赚钱”“如何省钱”“如何投资”等这些问题，而是——“为什么别人都可以赚到钱，而我却不行呢？”

在第一次被问到这个问题时，我非常认真地帮助那个人进行了分析和研究，给出一整套解决方案，并且辅助他进行改变。后来被问得多了，研究的样本多了，我发现了这群人有一个共同的规律。我一般会通过三个问题来判断他们的情况，这三个问题分别是：你认为钱是什么？你的父母认为钱是什么？你和你父母的关系好吗？三个问题问完，基本就可以对这个人的财富观做一个判断。

如果你觉得自己已经拼尽全力，但还是赚不到钱，或者说赚到了钱却总是守不住钱，守住钱却不能让钱为你带来钱，那其实很有可能是你的财富命运在很久之前已经被写好了。而书写你的财富命运的人，就是你的父母。

穷人家的父母总是会向孩子灌输——“屎难吃钱难挣”“家里赚钱难”“我们辛辛苦苦拉扯你长大”这样的金钱观念，在日积月累的童年生活中，逐渐让金钱沉重的一面浸入到孩子们的脑中，种植在他们的心中，从而变成一种潜意识的金钱压力，认为钱就是很难挣，我只能赚到这些钱，根本无法摆脱这种潜意识来客观地审视金钱——其实只要用对了方法，钱或许并没有那么难挣。甚至有很多小时候受到金钱压迫的孩子，在刚长大后会养成冲动消费的习惯。很多东西小时候父母不让买，那长大后便疯狂补偿给自己，成为卡奴、债奴，被消费主义裹挟。

在这个世界上，比起“寒门再难出贵子”这样的阶级困境，更多的是这样潜在的认知困境，因为很多人可能终其一生都不会意识到，自己穷是困在了一出生就开始的金钱教育中。

原生家庭对一个人的财富命运影响有多大?

有人把原生家庭与我们的关系作过一个比喻：小时候的我们，就像是一台 24 小时运转的摄像头，把我们所接触到的所有东西拍了下来，这里面最多的便是我们父母彼此的交流、与我们的交流；而等到长大后，我们便像一台放映机，缓缓将那些信息通过我们自己播放出来。仔细去想，很多困扰我们的生活难题，比如亲密关系、金钱、交友，其实盘根究底，最终全都会回到原生家庭这里。

什么是原生家庭？从心理学的角度来分析下，所谓原生家庭便是指我们从出生到建立世界观期间的家庭。原生家庭通常由父母、兄弟姐妹等成员构成，而父母则是对我们影响最大、最长久的角色。近几年随着社会观念的发展，原生家庭的概念已经走入很多人的视野之中，而根据心理学的研究，人幼年时的生活经历，尤其是家庭中的经历会对一个人性格有至关重要的影响，这种影响甚至是永久的，也甚至会关乎一个人一辈子的幸福度。

我有一个朋友，其实他们家并不是穷到真的需要抠抠搜搜才能活下去的地步，但在他童年印象中，他们家非常非常穷，是世界上最穷的人，而他的父母吵架的原因永远是钱。在他长大后，他凭借自己的本事也赚到了一些钱，但这些钱在他手中根本留不住。为什么呢？因为他一直觉得自己是世界上最穷的人，既然是最穷的人，口袋里怎么能有钱呢？

还有一位朋友，与前者的原生家庭相似，但他的表现是拼命赚钱、拼命攒钱，对待自己非常的抠门。我记得有一次我们出去吃饭，那天是他的生日，所以就想吃点好的。我们去了一家比较高级的日料店，也就人均 500 元左右（以他的实力绝对负担得起），但他非常的不舒服，进去后简直是坐立难安，因为在他看来自己这是在乱花钱。他不光是对金钱，甚至对爱也有严重的不安全感，谈过很多女朋友，但最终都分手了，因为没有人能受得了他如此抠门的一面。他一度觉得是自己性格有问题，后来才慢慢了解原来这是小时候的自己在作祟。

往更深了去追究，其实影响你这一生的原生家庭问题背后，还藏着更深的因果关系——你的父母的原生家庭。这几年原生家庭观念流行后，很多人第一件事就是去反问和指责自己的父母，似乎要将自己所有的失败都推给自己的父母。我承认原生家庭的威力，但我绝对不认可这样的行为。我们的人生终究是自己的，我们要对自己负责任，既然已经知道了自己的因，接下来要做的并不是去指责，而是继续从更高的维度去看为什么会有这个因。一代人有一代人的限制，如果你的父母也是被这样教育长大的，你难道要指望他单凭自己的心智就逃离社会的规训吗？太难了。

原生家庭是西方来的词，从我们传统文化的角度来看，其实还有一个词，叫作因果律。对因果律最低维度的理解是，善有善报，恶有恶报，不是不报，时候未到。但其实这是最浅显的理解。因果律更高一层的运行逻辑，并不是从善恶二极来将人进行划分，比如你是好人他是坏人，而是从另外一个角度来看问题，人的行为是没有对错之分的，对错是社会规训的结果而已。

那因果律高层的运行逻辑是什么呢？是更大的社会的逻辑运转，会通过一个个齿轮，体现在我们个人身上。比如当社会的号角吹响改革开放时，敢做生意、会做生意就成了本事，借着这股浪潮，改变了几千年重农抑商的思想，从而使这种思想像一股尘土，撒在了千千万万的个人身上，而每一个人最终将影响他们的子女，形成今天的我们。当然，这是我举的特别简单的一个例子，但逻辑大致是这样。

当我们看到今天的自己时，不仅要审视我们自己，也不仅要审视我们的父母，更要去审视他们那一代人与社会那一代思潮。每个人都有每个人的局限性，而有些人之所以厉害，能走到金字塔顶端，能够实现财富自由，就是因为他打破了自己的局限性。

原生家庭的认知差异

穷人和富人，差的真的是钱吗？这本书读到这里，我想你应该不会再立刻回答“是”了吧，应该会知道比钱更可怕的，是彼此的思维差距。同样，在原生家庭中，比起资源的差距，最大的差距是父母带给孩子的认知差异。

从客观事实上说，原生家庭经济条件更优渥的孩子，从小会得到更多的资源，吃得好、穿得好、学上得好，从小远超同龄人一大截，而长大之后更是早早实现财富自由。比如碧桂园集团创始人杨国强之女杨惠妍，从小父亲带着她参加公司各种的董事会，从小国外留学，长大回国投资，现在已正式上任接手碧桂园的全部工作，成为名副其实的二代接班人。与她相反，很多人原生家庭经济条件本身就一般，甚至更差，我们只能接受到最基础的教育，成为和其他人一样的平凡孩子。

我之前也曾经将一切问题都抛给父母、抛给金钱，但我后来想了想，我也认识很多原生家庭很差，但凭借自己闯出一片天的人，纵然概率很小，但为什么他们能做到呢？我观察了一下，我觉得最重要的是，他们早早知道了自己的局限性，并且学会打破自己的局限性。

假如你的父母是懂经济学的人，那么他们会注重在你很小的时候向你培养理财观念、对金钱的正确认知，将你培养成一个有财商的孩子。但很可惜，你的父母不懂，到这里，很多人便会自暴自弃了，但知命而不认命，正是成功者的所为。从这一点起，其实很多人就输了。

在我的观察中，那些白手起家的人，他们会通过十年如一日的坚持和努力来改变自己的认知。原生家庭固然重要，但它并非是不可改变的，就像是一头栓在柱子上的小象，第一次试图逃脱失败后，长大后就再也不会逃，但如果长大后它再勇敢尝试一次，就会知道那根柱子再也束缚不了它，因为它长大了！很多人年纪增长了，但心智却没有，始终停留在小时候的那个自我，做得好希望得到父母的夸奖，做错了害怕父母责罚，不断通过他们的肯定来肯定自我。

我将心智成长的过程，称之为断奶。因为就像婴儿断奶时会非常痛苦，会号啕大哭，我们的心智成长时，一样会痛苦。有时候对父母的合理反抗，甚至会被贴上不孝顺的骂名，但我们必须知道，我已经长大了，我的一切都可以由我自己来决定，成为什么样的人、过什么样的生活，都可以顺由我的喜好。前面讲的我那位“攒钱癖”的朋友，也是在我的建议下，去读了一些原生家庭方面的书，去寻找心理医生聊了聊，也在慢慢试着去调整他的金钱观念。在疫情结束后，我听说他已经计划去出国游了，带着他新认识的女朋友，这对于他来说，真的是非常大的一个进步。

这里有一张表，可以用来判断你有没有被原生家庭伤害过；如果你是父母，也可以自我检测自己有没有这样伤害过孩子。一共有27个问题，如果超过9道题答是，那就证明你被伤害过，也存在极大的可能会去伤害你的孩子。

当然，这个表格并非非常严谨，只是作为参考。如果有条件，可以去和心理医生聊聊，其实每个人多多少少都有原生家庭的问题，了解自我才能成为更好的自我；如果没有条件或者比较抗拒心理医生，可以去读读一些心理学相关的书籍，比如《也许你该找个人聊聊》《蛤蟆先生去看心理医生》，都是非常不错的心理学科普入门书，轻松有趣。

小时候：

Q1：你是否经常被训斥一无是处？

Q2：你是否经常被体罚？

Q3：你害怕父母喝酒吗？

Q4：你父母经常不理你吗（因为他们的问题 / 事情）？

Q5：你需要因为父母的问题反过来照顾他们吗？

Q6：你受到过性骚扰吗（只要让你觉得不舒服的）？

Q7：你是否害怕你的父母而不敢表达？

长大后：

Q1：你经常忍不住伤害别人吗？

Q2：你害怕亲密关系吗（被伤害、被抛弃）？

Q3：你觉得别人对你好吗？

Q4：你觉得你很倒霉吗？

Q5：你觉得自己活得很累吗？

Q6：你是否担心别人一旦了解你就会不喜欢你？

Q7：你害怕变得成功（有钱）吗？

Q8：你会突然变得特别愤怒或者难过吗？

Q9：你是完美主义者吗？

Q10：你放松和享受生活时会觉得愧疚吗？

Q11：当你想帮父母做事时，经常发生冲突吗？

长大后，你和父母的关系：

Q1：父母仍然把你当成孩子对待吗（在一些原则性事情上）？

Q2：你大多数的决定都必须征求父母意见吗？

Q3：和父母待在一起，你情绪会很激烈或紧绷吗？

Q4：当你与父母意见不同时，你害怕吗？

Q5：你的父母会用金钱 / 爱 / 暴力来控制你吗？

Q6：你觉得父母不高兴都怪你吗？

Q7：你觉得你需要对父母的情绪负责吗？

Q8：你总是觉得自己对不起父母吗？

Q9：你是否总觉得父母会变好所以宽容他们？

四、精神内耗影响你的赚钱速度

随着“二舅治好了我的精神内耗”“81 岁院士谈精神内耗”的话题频频冲上热搜，“精神内耗”一词也一跃成为《咬文嚼字》编辑部 2022 年的“十大流行语”之一。

什么是精神内耗?

所谓精神内耗，也叫作心理内耗。它指的是我们对自己的自我控制本身会消耗我们的精力，当精力资源不充足时，我们就会处于一种内耗状态。换句话来说，如果你并不是因为身体劳动感到疲惫，也不是因为工作加班、脑力劳动感到疲惫，而只是觉得一种莫名其妙的累，那十有八九就处于精神内耗中。

举个例子，你刚毕业，找到了一份待遇还不错的工作，但是工作内容本身很无聊，可能偏向于机械重复。你一边觉得自己很年轻，不应该把时间浪费在这种没有上升空间的工作上，你一边又知道凭借自己现在的能力，根本找不到待遇又好工作又有趣的岗位。于是你想通过备战考研来提升自己的学历，增加竞争力，但又陷入了两难之中，如果在职备考，每天工作之后回到家只想休息，很难再看进去书；如果脱产全心备考，万一考不上自己岂不是浪费一年时间，而且还要忍受父母的白眼与指责……日复一日，你每天都会陷入到这个思考循环中，“辞职还是不辞职”“考研还是不考研”“换行还是不换行”，这些问题像一个无底洞一样，吸走了你所有的热情与能量，你每天哪怕什么都不做也会觉得十分疲惫。长此以往，这种来自内心的消耗不仅会让你对生活失去热情，更会对自己失去自信。

这是从社会经验中得出的定义，如果从医学角度来看呢？上海交通大学医学院附属仁济医院心理医学科的主任在接受新闻采访时曾经解释，其实“精神内耗”既不是心理学的专有名词，也不是医学术语。它只是反应当下青年人普遍存在的一种心理情绪，简单来说，就是想得太多。结合临床案例来看的话，精神内耗其实覆盖了很多的情绪问题，比如焦虑、担忧、迷茫、害怕、不满等等，多为负面情绪。

其实不管是从社会经验还是医学角度，精神内耗就是一场自我对抗的比赛。你的心中有两个你，一个安于当下，想吃吃喝喝玩玩乐乐；一个向往远方，想拥有更多的体验和美好。两个你在日常生活中不断拉扯，想往前迈，有人会拽住你，让你找不到方向；想往后退，依然会有人拽住你，让你无法后退。在这种对抗中，因为你的敌人就是你自己，所以越对抗越消耗，最终陷入死循环之中。

“精神内耗”从何而来？

我曾经有次去医院看病，在等号的时候见到一位女生在哭，哭得很伤心。我掏出一张纸递给她，她或许是实在太难过了，竟然对我一个陌生人开始讲她的困扰。其实她很优秀，海外留学背景，又去了一家既体面工资又高的公司，说句老实话，碾压我们90%的普通人。但是她过得却特别痛苦，她不仅觉得自己的工作没有意义和价值，甚至觉得不如自己过去的一些好朋友，尽管那些朋友在世俗定义中可能并不算成功。

这其实也解释了精神内耗的来源，它其实并不和你的客观成就有关系，而是纯粹的心理压力，而且或许更有可能出现在那些看起来更优秀的人身上。比如，很多年轻人可能在成长过程中，一直按部就班实现着父母的期望，考个好大学、找个好工作、嫁个好男人，但走着走着，可能会忽然开始迷茫，自己到底想要什么？比如，我们作为普通人觉得自己已经很努力了，但是上网一看，这个世界有那么多家境本来就好，自己又特别努力的人，就像你努力一生抵达罗马，而有些人的起点就是罗马，这之间巨大的落差让我们的内心生出莫名的焦虑感，难道我的一生就这样了吗？再比如，有些年轻人其实很有想法，想去创业、做自己想做的事情，但这些在父母眼里可能都是不切实际的空想，当自己的选择与父母产生冲突，与之而来的迷茫与困惑，也会让我们反复去和自己对抗。

精神内耗从何而来？源头仍然是我们的内心，我们想要实现的与我们的现状之间的一场巨大的撕扯。其实，我们想要的永远在变，两者之间良好的差距本应该会成为一种良性的动力，去激励我们不断努力，不断挑战，但如果过大，便会形成这种内在的消耗。

“精神内耗”如何影响我们？

战争的威力与后果，每个人都十分清楚。但这场无形的自我对抗之争的后果，却未必每个人都清楚。精神内耗对于我们的精神和身体都有巨大的伤害。从小的方面来说，会让我们的自我评价变低，做事意愿和效率降低，睡眠质量变差，生活状态会变得没有任何热情，会影响个人生活的正向发展。

我有一个外甥女，她的父母都是大学教授，自然对她的要求也比较高。她一直都是学校的第一，如果没有考到第一，即使父母没有说什么，她也会不断指责自己。时间久了，便会形成负担，每次考试前都会忍不住想，要是这次没考第一怎么办，导致晚上睡不好，考试发挥也出现了问题，甚至后来体重都开始下降了。父母也不知道什么情况，也怕给孩子压力太大，便假装无事，但这种情绪一直没得到疏导，便一直积压在她心中。后来我去他们家玩，无意间和外甥女聊起这件事，她悄悄告诉了我，我答应她不告诉她的父母，帮她努力调整了一阵子，后来才慢慢克服了。

这些失眠、焦虑、体重减轻等症状，还算是比较轻微的精神内耗。如果是更严重的，便会导致高血压、冠心病以及肿瘤等疾病。我有位朋友是医生，他私下聚餐和我们聊起，说这些疾病的病理性比较复杂，但多少也与心理有关系。而且医学心理学的研究也表明，如果长期处于精神内耗中，便会形成抑郁、精神萎靡、精神恍惚甚至精神失常，并且还会引发其他多种身心疾患，比如常见的偏头痛、缺血性心脏病等。精神内耗由于其隐蔽性，很少被人们所重视，在长期的潜移默化中，反而成为影响我们身体健康的"隐形杀手"。

如何避免"精神内耗"？

说实话，在看到全网讨论"精神内耗"时，我还是挺高兴的，至少说明大家终于开始正视这种情绪了。当然，妄想靠一条视频、一本书、一个锦囊妙计治好精神内耗，是不可能的事情。就像实现财富自由一样，路是一天一天走出来的。在我看来，我们应该先去梳理自己的生活，有目标是好事，但不切实际的目标，可能反而形成一种阻拦。有句中国古话叫“但行好事，莫问前程”。其实或许这是最适合解决精神内耗的妙招。

我作为一个普通人，自然也陷入过精神内耗之中。每当我出现这种情绪时，我会试着从这几条来慢慢说服自己，也分享给大家。

第一，不要在意他人的眼光。说句实话，当你不在意别人的眼光时，别人反而开始在意你的眼光了。不要在意他人的眼光，不是让你没有礼貌不懂礼仪，而是在一些重大决定上，多跟随自己的心意。最简单的，是否买一个包，只取决于你是否真的喜欢，而不是其他人是否会因此羡慕你；当你想换一份工作时，只取决于你是否想做，而不是身边人是否认可。我们就活一辈子，短短数十年，即使你达到所有人的标准，又能如何呢？眨眼而过，那些评价其实完全不能为你带来什么。

第二，凡事从最坏的一面出发。世俗道理总是让我们乐观，但现实中，凡事都乐观，很容易被沉重的现实锤死。所以我养成了一个习惯，凡事做好最坏的打算，反而让我看起来变得乐观了起来，因为不管发生什么，都在我的控制范围内，也因此我减少了很多无谓的消耗。

第三，Just do it。我非常喜欢耐克运动品牌，其实与它的产品无关，仅仅是因为这句标语实在是太能给人力量了。生活中的大部分事情，当你纠结做不做的时候，就去做。做了不管结果如何，这件事就到此为止了；如果不做，这件事将缠绕你一辈子，你会在无数个瞬间冒出想法，如果当时……所以，Just do it，这是减少内耗最有用的方式。

第四，永远不要攻击自己。这应该是很多人小时候养成的习惯吧，当我们把水洒了的时候，父母会大声呵斥我们；长大后，当我们再把水不小心弄洒时，总是忍不住心里一惊，但其实弄洒一杯水而已，是什么伤天害理的错事吗？我到现在，每次弄洒水的时候，我都会告诉自己，没关系，只是一杯水而已。这个微小的暗示其实帮助了我很多，再遇到很多事情时，有时候真的怪我自己，有时候并不怪我，只是运气问题，我会将其分开，尽可能从理性角度来判断，而不是在事情发生的一瞬间，就立刻呵斥自己，你怎么这么笨！我觉得这是非常重要的事情，精神内耗本质是对自我的怀疑，而自我的怀疑其实很多人是在小时候种下的种子。

第五，运动。既然精神内耗是一场自己与自己的战斗，那必须让自己变得强悍，才能将这场战斗所带来的伤害值减小。运动是我觉得性价比最高的事情，每天大约20分钟，出出汗跳跳操，心情就变得非常愉悦，而且会带来非常大的正向情绪。这种情绪感染力，对于抵抗精神内耗，是非常有用的。

以上是我对抗精神内耗的几个方法，如果你能真正去应用，一定会有帮助。精神内耗既然是我们自己的战斗，由我们开始，也只能由我们自己结束。所以，装备自己的内心，让它变得强大！当你有一天不内耗的时候，你会感受到这个世界是非常自由的，而你也变得前所未有得强大！

五、跟内卷和无效竞争说拜拜

我有一个朋友是一线城市的一所重点中学的语文老师。随着竞争的逐渐激烈，中考成绩已经开始变得和高考一样重要了，这是她向我展示的她一天的时间安排：

5:40 起床，洗脸刷牙；

6:25 出发，路上随便买个包子作为早点；

6:40 签到；去教室检查课代表有没有书写早读要求，如果没有，自己补上；

6:50 开始值班；

7:20 回到教室，开始上早读；巡视两个班级，解决学生问题；

7:45 早读结束，回办公室休息几分钟，准备上课；

8:10–8:50 第一节课；

9:00–9:40 第二节课；

9:55–10:35 集体教研，备课；

10:45–11:25 听课；下周就轮到她被听课了，要开始准备；

11:35–13:30 吃饭，午休；

13:30 签到；

13:40–14:20 第一节课；

14:30–15:10 第二节课；

16:20–17:00 开会……

17:20–18:30 值班……

后面还有晚自习，晚自习结束后，还有学生提问题……并且一周工作六天，只有周日才能休息。但她说这些不是为了抱怨自己辛苦，而是想表达学生的辛苦，很多学生在她的时间表基础上，还要挤时间上父母报的补习班，还有课外特长班……

她说自己作为一个成年人，时常都有喘不上气的时候，完全不敢想那些孩子，是如何十几年如一日忍受着这么大的压力的！并且她还说，这不就是内卷，看似所有人都在努力，但其实只是延长了终点线，每个人的努力只是白努力而已……

这两年“内卷”这个词非常流行，那么到底什么是内卷呢？

什么是内卷？

内卷的英文翻译是 involution，直接理解是“向内延伸，跟别人一起一圈一圈地转”。有一位自然科学家是这么科普的，他说内卷这个词原是用来描述贝壳的，一般贝壳的尖尖会伸出来，而内卷的贝壳，它的尖不是往外长出来的，而是一直往里延伸，在里面形成一圈一圈的卷。

后来，内卷最开始出现在人类学家的研究中，是美国文化人类学家格尔茨首次在对爪哇岛的农业经济分析中提到的，用来解释为什么农耕社会长期很难再实现大的突破。在他的研究中是这么讲的，随着农耕经济越来越精细化，按照理想逻辑，每个土地单位上的投入越多，产出也会越高，但其实并没有，所增加的产能恰好抵消了多投入的成本，形成一种奇特的平衡状态，很难被打破。

为什么农耕经济里有内卷？正是在耕作的时候，每个人对每个细节都过分地关注，但到最后收获时发现，产出与你的投入没有关系，甚至是负增长。项飙教授举了个例子，说如果你在一个荒岛上去种地，用非常粗犷的方式去耕种，那你最后计算出来的投入产出比例其实更高。清华的孙立平教授这样说过，中国农民种地就像种花，简直是把“精耕细作”四个字实践到了极致。后来再有学者，又将内卷的概念拓展到了中国农业经济史的分析，总体都是一个意思，即内卷就是“高水平陷阱”。

虽然“高水平陷阱”最开始是应用在农业分析中的，但其实和我们现在社会生活中所面临的困境是一样的。最开始的高水平陷阱是这样的：虽然中国很早就在农业技术、行政管理、社会组织等方面达到了一定的水平，但到这个水平后，一直被限制着再没有突破。从农业生产来说，我们开垦了所有能开垦的土地，土地是有限的，但是人口却一直在无限增长，那么人口的增长靠什么来维持？靠的就是精耕细作，所谓内卷的方式。

这是农业社会的内卷，后来有学者将内卷延伸到行政和政治上，举例说清朝末年的新政为了加强国家权力的控制，国家投入了很多钱，建了很多官僚机构，但是不仅国家的行政能力没有增强，并且成了巨大的拖累，这也是许多封建帝国灭亡的原因之一。

以上这些看起来好像和我们今天讨论的内卷没什么关系，但其实追根溯源会让我们更好地理解这个词语。内卷的状态不仅存在于我们之中，它其实存在于社会的方方面面，只是这几年因为时代的趋势，在人的身上逐渐被放大了。

我读了一篇文章，叫作《母职的经纪人化》，顾名思义，就是说母亲这个身份已经逐渐职业化，变成了孩子的经纪人。我当时看完这篇文章不太理解，便和我的一位朋友聊了聊，她刚好生了孩子，晋升为母亲。相比于我，她对这篇文章更有共鸣，她说当妈也在逐渐内卷，因为妈妈可以为孩子做的事情简直是无穷无尽，越做越多。她举了个例子，她和另外一位妈妈，即使为孩子做的事情一样，但花的时间不一样，比如涂身体乳这个事，脸上和身上不一样，身上和屁股又不一样，会分得特别精细，而越精细所带来的压力就会越大，但你如果不这么做，身边的妈妈都这样做，你就不禁会怀疑自己是不是不够称职！

总结母职的内卷，主要是两个方面：一方面是社会的压力，社会发展得越来越快，诸多社会压力会叠加在母亲身上，会让她通过精细化地照顾孩子，来缓冲这些压力；一方面则是母亲之间的同层压力，母亲的身份就像是一个无底洞，好可以更好，更好还可以超级好，只要有比较存在，就会不断卷起来。这两者交叉在一起，导致母亲感到一种枷锁和压力，同时这种感觉又会传导给孩子，最终这种因好意而产生的高成本养孩子的规则，最终反过来不仅没有帮助孩子成长，反而成为伤害孩子的最大的源头。

总结来说，内卷有以下这么几个特点：

1. 将简单的事情复杂化

我有个侄女今年升了大学，期末考试有些课程需要写小论文。她说老师要求字数在 3000 字，只要逻辑清楚、有理有据即可，但光是她们宿舍四个人里，就有两个写了 5000 字，甚至有一个写了 1 万字……而这位同学也因此得到了老师的夸奖，现在全班都得跟着她提高字数，1 万字朝着 2 万字前进，但其实根本不需要写那么多字，为了凑字数很多人简直就是废话生产机器，把一个词拆成一句话，把一句话拆成一段话……她很烦恼，所以来问我怎么办？我听了也没有什么好办法，只能让她尝试和老师去聊聊。

这便是内卷最典型的一个表现，将简单的事情复杂化，在不重要的事情上不断雕琢，浪费资源，浪费精力，浪费生命。

2. 无关紧要的面子工作

这个我深有感触，每周写工作周报，开始是简要在文档列 1、

2、3 点，后来有人做了 PPT，于是大家都开始做 PPT，再后来 PPT 排版越来越精美，再再后来周报简直成了炫技大赛。而不管是文档还是 PPT，其实核心内容都没变，所传达的信息也是一样的，但却平白多了许多无谓的工作。每次到了周五，什么工作都不能安排了，必须全心全意准备 PPT，完全背离了最初设定周报的意义。

3. 追求细节完美而背离大目标

每到年底，每个人都要制订自己的新年计划，希望明年能够更自律变得更好。但一个人是否变得更好，最关键的在于他的意志力和行动力，但偏偏绝大多数人不在这两点上下功夫，而是买各种各样的笔记本、打卡工具、思维导图，或者将每天的计划列得满满当当，每个细节都堪称完美，但最终那些笔记本几乎没用过，那些计划也连一天都没有坚持过，这些其实也是一种无效内卷。

当你想做一件事情时，不要忙着去填充细节，而是先列好大框架，找准核心关键点，围绕关键点发力，最后才能成功。如果一开始就沉溺于细节之中，就像在沙漠中行走一样，明明是一直往前走的，但最终却偏离了终点。

既然内卷的坏处如此之多，我们该如何避免内卷或者被内卷呢？

关于这一点，我有个朋友这样说：内卷是社会发展的必然结果，既然内卷无法避免，我们要做的，就是比别人跑得更快，卷跑别人的路，让别人无路可卷。这不失为一个办法，我曾经也是这种理论的信奉者。有段时间，我每天早上 5 点起床，运动 1 小时，6 点洗漱收拾后，6 点半开始工作，晚上则 9 点开始休息，但我的休息也不是享受型的，而是看书、学习英语、整理资料等等，做些不那么重要但仍然是工作的工作，这样持续到晚上 11 点，睡觉。

这样的作息时间，如果是短期冲刺某件事情还好，但如果是长期坚持的话，整个人会变得非常紧绷非常累。举个例子，有天早上我实在是太累了，多睡了半个小时，我的运动时间就只剩下了一半，导致我非常自责，一整天都在批评自己，为什么会起不来，陷入了非常低落的情绪状态中。甚至有时候朋友约我吃饭，我觉得他们是在浪费我的时间，我明明有那么多事情要做，哪里来的时间和他们吃饭？

最后那次坚持以我去看心理医生而告终。即使是贝壳，卷到一定程度也会停止，更何况是人？终极的内卷迎来的必将是自我的毁灭，所以切勿以这样的心态来迎战内卷。后来，我又尝试了一些新的方法，最有用的还是这一个：和自己内卷。

对于很多陷入内卷情绪的人来说，让他不内卷比登天还难，因为已经养成了习惯，或者说这是刻在我们DNA里的东西。既然如此，那我们仍然卷，只是内卷的对象从别人换成自己，只要今天的你比昨天更厉害一点，那你就是成功的。

就拿写作来说，我昨天写了500字，那我今天写500字或500字以上，就很高兴；我去年胖了20斤，我今年保持体重不变，那其实我也很努力了。跟自己卷的核心在于，把标准建立在自己身上，不做无用功，你努力的每一分能切真实际地带来你的成长与变化。

我不知道内卷是否是社会发展的必然，但我确信对自我有要求的人才会陷入内卷的陷阱之中，但却被它逐渐吸去自己的能量与才华。任何事物都有两面性，只要我们发现内卷的正向性，并对其加以利用，它仍然能成为助力我们实现财富自由的东西。学会让自己成为自己的标准，与自己内卷，在自己人生这条赛道上，一天比一天跑得更快、更好，这样财富自由的终点，必将离你越来越近。

第七章

财富是幸福的管道

一、富裕是一种责任

我最喜欢的电影《华尔街之狼》中，莱昂纳多·迪卡普里奥饰演的股票经纪人乔丹·贝尔福特，曾有一段非常精彩的演讲，他这么说："我来告诉你们一件事情，这世上，做穷人不光彩。我富过，也穷过，我每一次都会选择成为富人。"

都说"钱乃万恶之源"，但真正生活在这滚滚红尘中，谁又能逃得开金钱呢？

富裕是一种美德

在本书刚开始我就告诉过大家，掌握财富自由逻辑的第一课就是明确对财富的认知，要坦坦荡荡接受自己赚钱是一种美德这个观念。"我们就是要赚钱""我们要赚更多的钱"，当我们赚到钱时，说明我们为社会、为他人提供了价值，或者是有价值的产品，或者是有价值的服务。市场是最聪明的也是最公平的，不会让一个人无缘无故赚到钱，如果你能够赚钱，说明你所提供的东西是市场所需要的，且在市场上具有较高价值的需求，你应该感到高兴、骄傲与自豪。毕竟有那么多人削尖脑袋想赚钱，你赚到了那就是你的本事，你没有赚到那继续再接再厉就好了。

我们被儒家思想所绑架，总觉得金钱是万恶之源，但实际换个角度想，如果你能赚到钱，说明你为社会提供了价值，既然你能为社会提供价值，就说明社会因为你运转效率更高更快，让我们的国家、人民变得更好，这难道不是一种美德吗？

我身边有很多人虽然赚到了钱，但总觉得自己干了坏事，也不好意思跟别人分享自己的致富经验，有个朋友就是这样。有一次我们聊天，我就从财富与社会价值的角度帮助他去梳理事实，也慢慢让他接受了这样的观念。后来他告诉我，他理解赚钱是一种美德的时刻是在发工资的时候，他不断地钻研自己的业务，让公司越来越能赚钱，然后能够招更多的人，为很多人创造岗位，当看到员工收到薪水和奖金而流露出喜悦时，他发自内心地高兴，感觉真的体会到了赚钱的意义。

当然了，也有人会说，社会上的很多坏事都是因为钱产生的，如果没有钱，也就没有这些事情了，难道这样赚钱也是美德吗？记性好的朋友或许还记得，我在前面仔细解释过，坏事不是因为钱产生，而是因为欲望，钱只是欲望的载体而已。

我们应该从两个方面来合理区分对钱的认识：一是要区分通过价值获取的收益与钻空子赚黑钱，我所说的赚钱是一种美德，皆是建立在合理合法的赚钱方式之上。有些人利用法律漏洞、人性弱点也能很快赚到钱，但那并不是我所提倡的，因为它和“骗”更像，而不是“赚”。我在成为百万富翁那节说过，一百万只是事情的结果，随着一百万而来的，是更好的我们。同样，赚钱亦是结果，最重要的是自己拥有的能力。而钻空子的赚黑钱方式并不能让我们有长期发展的能力，也不是我所谈论的赚钱，大家应该区分清楚。

二是我们应当把赚钱这件事和有钱人的行为区分开来。赚钱本身，是在市场上通过价值交换获取资金，是市场价值的体现。而有些人有钱之后，或自我膨胀，或挥金如土，但那都是他利用钱来放大自己的欲望。这个时候的钱就像是一把刀，刀本身没有问题，有问题的是握着刀的那个人罢了。

理解这两个问题，对待赚钱这个事我们就会有自己的一杆秤，能学会从两面分析解剖内在的逻辑。我所提倡的赚钱理念，也是本书想传达给大家的财富自由的理念，学会用好钱这把刀。

富裕是一种责任

此处我所说的“责任”，并不是日常生活中我们所提到的责任，比如“赚钱养家”的责任，比如“结婚生子”的责任等，而是承接前面所讲富裕是美德时所产生的一种责任。

如果你有雄心抱负，你也有本事和能力，那赚钱是你应该也必须做的事情，既是你身为社会人所应负的责任，也是你作为一个能够帮助社会创造财富、有天赋的人，所应尽的责任。正如我们前面所讨论的，你所提供的产品或服务受到市场的认可，从而获得了利润，那么此时保证这种产品或服务的连续性，既可以维持你的利润，也可以丰富市场，为社会资本的流动提供活力，整个社会都可以因此受益。

而如果你的产品或服务因为各种各样的原因，不再受到市场的追捧，那么相应的你也无法得到利润，运转的链条便会截断。消费者会受到损失，因为失去了自己喜爱的产品或服务，社会也会受到损失，因为产品或服务的多样性变少，你更是会受到最大的损失，失去的不仅是金钱，更是持续创造利润的能力。在这个过程中，很多损失都是抽象的、很难客观描述的，而最直接的便体现在金钱上，几乎可以概括为：能赚钱，社会、消费者、你三赢；不能赚钱，社会、消费者、你都会受到损失。从这个角度看，保持持续的赚钱能力其实就是一种责任。

就像我那位朋友，疫情期间他几乎彻夜不眠，时刻在想办法提高公司的收益和利润。在普通人眼中，或许觉得这个人真是疯了，钱有那么重要吗？真是钻进钱眼子里了？人要是死了，钱不就没了？但在我们这些人眼中，非常理解并且认可他的行为。他的公司疫情前刚进行扩张，上下大约有500多人，如果公司效益不能够保持疫情前的水平，而当时疫情又不知道什么时候会结束，一旦公司倒闭，这500多人就会立刻失去工作……疫情时工作有多难找想必大家都还有记忆，他电脑壁纸是500人的合照，每天一睁眼便看着这500张脸给自己提供动力。到这个时候，钱其实并不重要，他在意的也不是钱了，而是一种责任，帮助自己的员工保住工作的责任！

所以，无论是创业当老板，还是在职场为老板打工，赚钱都是光明正大、天经地义的事情。《武林外传》里白展堂说过一句话，被网友们截图出来传播甚广，他说："我出来打工，不看钱看什么？"是啊，说白了，钱固然不能体现我们全部的价值，但至少可以体现我们的市场价值。没有钱，我们吃什么喝什么？没有钱，我们的精神世界如何充盈？没有钱，我们如何在有限的时间里体会更大的世界？没有钱，我们又当如何保护我们所爱之人？

孟子说，财富充盈的人，即使遇到凶年，也不会饿死；道德高尚的人，即使处在乱世，也不会迷了他的心智。在经历过疫情后，这句话对于我们来说更容易理解。手中有粮，心中不慌，一个人若是生财有道，遇到荒年，也能坚持到底，等到丰收的来年。从孟子的智慧来看，利亦是十分重要的。

《易传·乾文言》曰："利者，义之和也。"这句话也就是我上面所说的，要通过义的手段来赚钱，才是一种美德，继而才是一种责任。寻找自己的价值所在，放大价值以在市场上获取利润，这是我们人生的一大目标。我们有本事通过价值来获取报酬，才能有一天解放自己，实现财富自由。而若是人人都像我们对赚钱有正确而清醒的认知，那么社会的大齿轮也会运转得更加通畅，国家也会更加繁荣。

经济基础决定上层建筑，一个国家的繁荣和一个人的幸福一样，只有钱不行，但没有钱万万不行。国家要对千千万万的人民负责任，所以要努力让社会运转，去获取利益，而我们要对自己负责任，对自己的能力负责任，对自己的人生负责任，对自己爱的人负责任，所以要努力去参与社会运转，从宏观到微观，从大到小，同呼吸、共命运，共同实现富裕！

当然，说到这里，可能有人问："那人活着，是不是只要赚钱就好了？"

从我个人的角度来看，只思考赚钱这件事，反而会让你对社会和人观察得更为细致。我之所以喜欢经济学，就是因为它不会说谎，它会诚实地告诉你一切，如果你有勇气知道真相的话。所以，如果很多事情想不明白的话，不妨先放下，只在心里装下赚钱这件事——当然我们所说的赚钱都是通过价值创造利润的正当赚钱方式，当你挖到自己的第一桶金时，你的认知也会有所提升，到那个时候，很多烦恼或者困惑，其实已经迎刃而解了。

子曰："富而可求也，虽执鞭之士，吾亦为之。如不可求，从吾所好。"这句话什么意思呢？是说，如果富贵合乎道义，那我就去追求，即使是给人执鞭的下等差事也愿意去做。如果富贵不合乎道义，那我就还是做我该做的事吧。有时候赚钱这件事说得多了，大家在想自己是不是自己被钱迷了眼，但其实我们所求取的财富，都是实现自己理想的结果。

财富自由并不难，难的是以自己喜欢的方式实现自己的价值，而金钱只是顺便的事情。我整本书给大家所传达的，也是这么个道理。结果很重要，方式亦很重要。

富裕是一种美德，亦是一种责任。能够看到本书的人，其实对自我是有一定的要求的，要善于挖掘自己的能力和价值，去勇于承担起这份责任。虽然我们是普通人，但也可以拥有不普通的人生，首先要敢想，其次是敢做，最后才能真成功。

二、给得越多，回流越多

实现财富自由的必要一步，就是会花钱。在有钱人的认知中，将金钱花在这三个方面时，你花得越多，回流就越多。

善学者，学根本，是为胜；不善学者，学皮毛，必败无疑也。学根本，也就是学他们的思维逻辑。在有钱人的认知中，有这么一条：给得越多，回流越多。也就是说，磨刀不误砍柴工，有些钱花出去是为了收回更多。

第一种：投资自己，让自己成为更锋利的刀

举个例子，如果比尔·盖茨从小出生在非洲一个穷苦人家家里，从小忙着为生计奔波，根本没有时间接受教育，那你说这个世界上还会有现在的比尔·盖茨吗？而如果把现在的比尔·盖茨抓到非洲，仍然不给他一分钱，但相信很快比尔·盖茨还是会成为比尔·盖茨。为什么呢？因为成年后的他大脑里装满了智慧，他已经被训练成了一把锋利的刀，而这把刀本身不以任何外在事物的变动而变化。

说白了，就是把钱花在自己身上，才是最安全的投资，一分钱一分收益，只要你够锋利，终究能实现财富自由。可惜这个道理很

多人知道，但很少有人能做到。因为他们听到这个的第一反应不是我如何去做，而是先反驳：我每天上班这么累，哪里还有精力学习啊？而且学习收益也太慢了，我现在就想一夜暴富。如果你也是这样，那抱歉，财富自由或许真的与你无关。

路是一步一步走出来的，山是一阶一阶爬上去的，真正的财富自由必定需要时间的积累，而没有耐心的人，终究成不了大事。如果你以前是这样，现在想改变，那从现在开始，好好投资你的大脑，让自己变得更聪明、更有力量。对于普通人来说，头脑正是实现财富自由最大的本钱。知识匮乏的人，除非是一辈子依靠父母或者爱人，否则此生必穷。你可以看看周遭的人，他们终其一生为钱忙忙碌碌，看似勤奋努力，实则是通过表象的努力逃避了真正的奋斗。

如果他们能看得更清楚一点，看得更长远一些，就会知道他们最应该下功夫的，是自己的头脑、自己的认知。都说人越长大越智慧，但其实并不是，大多数人活了一辈子仍然是浑浑噩噩，是非不分、好赖混淆，他们所依靠的都是自己有限的经验，而非洞察世事的智慧。所以，对于投资自己头脑的钱，一定要花，因为它是唯一时间带不走、别人也带不走的属于你自己的财富。

在我上大学时，我的老师说过这么一句话："人一定要看得长远，如果只顾看眼前，而没有站在高处的视野，那么他一辈子很难有翻身的机会。聪明的人懂得通过持久学习来升级认知，而庸俗的人，只懂得眼前的乐子。"毕业后，很多事我都忘了，很多话我也忘了，唯有这句话我时刻记在心里。后来也正是因为这句话，我才有了今天的成就。

所以，如果你真心想实现财富自由，那么一定要从投资自己的头脑开始。可能一开始的坚持很难，但难本身就是一道筛选层，只有能坚持下来的，才能被命运选中，允许他掌握自己的命运。

第二种：孝敬父母，让父母成为安心的后盾

对于父母，作家王小波这样说："人在年轻的时候，觉得到处都是人，别人的事就是你的事。到了中年以后，才觉得世界上除了家人已经一无所有了。"随着年岁的增长，我的确已经开始有这样的感受。在年轻的时候，我们总以为朋友越多越好，工作赚得越多越好，但随着时间的沉淀，其实最珍贵的，仍然是家人，仍然是亲情。因为血缘，亦是时间带不走的东西。

《菜根谭》里有这么一句话，"人有恩于我不可忘，而怨则不可不忘"。很多时候，我们总觉得自己连吃穿住行都紧巴巴的，根本没有办法孝顺父母，或者父母总说自己不差钱，不用拿钱回家，但其实，孝心不在于多少，而在于心意。1000 块不重要，但是你愿意给这件事很重要。在我的逻辑体系里，孝顺父母的钱是必须要花的。

我们在前面说过原生家庭的问题，很多人都将自己的贫穷怪罪于父母，但如果你仔细理清那篇的逻辑就会知道，父母也自有其社会局限性，我们所应该要做的，是努力去理解他们为什么会这么做，继而在这个基础上，原谅他们，成全自己。有个电视剧叫《幸福一家人》，里面有个儿子在工作后要和父亲断绝父子关系，原因仅仅是父亲太没有能力，不能够在他的事业上拉他一把。在这位儿子的眼中，他考上医学院、拿到奖学金，再从助理医师升到主治医师，全凭他自己的个人努力，与他的父亲没有任何关系。他也因此非常怨恨他的父亲，要不是因为他只是一个卖面的老板，医院里那些不如他的人怎么会升得比他还快？

而面对儿子的指责，善良一生的父亲陷入了哑口无言的悲痛之中，他甚至流着眼泪向儿子道歉，是他没有能力，是他让孩子受委

屈了。这一幕，真的是看哭无数观众。我看到这里时十分唏嘘，不禁想到那句话，其实这世间对父母抱有最大恶意的人，是他们的子女。大部分的父母都努力把最好的给了孩子，但可能孩子想要的更多，也可能孩子想要的根本不是这些，一份珍贵的心意在阴差阳错中造成无法弥补的误会。而这种误会所带来的恶意看似伤害的是父母，但其实它是一柄双向利剑，同样也会刺伤我们。

身在东亚社会，亲情是我们无法剪断的纽带。既然剪不断，那不如好好想想，如何才能将亲情经营得更好，让它成为自己的跳板。这种助力可以是金钱、资源、人脉，亦可以是精神。可以观察一下，国内那些成功的大企业家，比如王永庆先生、郭台铭先生、高清愿先生、蔡宏图先生……基本都是事亲至孝。假想一下，如果你做的每件事，父母都非常认可，你是不是会有更大的动力去做？所以，为父母花钱也是一种精神力量的回流，它会通过另外一种方式来强壮你的力量，让你在财富自由这条路上走得更加坚定。

第三种：学会回报，为自己种下一片森林

有一本非常有名的畅销书，叫作《富爸爸穷爸爸》。这本书的作者罗伯特·T·清崎先生说，他的富爸爸坚信钱是要先付出才会有回报的，而他的穷爸爸说，等他有多余的钱了就一定会捐出来，而一辈子他都没有多余的钱。所以，在年轻时就最好养成习惯，无论多么艰难都要留一些出来去帮助别人。

曾几何时我和大家一样，认为这是一个有钱人用来骗人的心灵鸡汤。后来出于好奇，我去试了试，每个月定期为一个乡村学校捐100块钱。钱并不多，一年下来才1200块，但很微妙的是，我的心情抑或是情绪发生了一些变化。当我再写书写不出来时，或者心情

很低落时，每每想到自己已经有能力去帮助别人了，就会产生一种使命感和责任感，就会从内心生出一种动力，“原来我已经很厉害了，我还可以更厉害”。类似这样的想法，支撑着我去坚持更多原本会放弃的时刻。

当然，这是这件事在我身上产生的影响，我无法保证每个人都会因为帮助别人而被激励到，但我想，做好事其实就像是种树，你并不知道哪一颗种子会发芽，亦不知道这些树多久会长大，但你知道，它们总有一天会替你遮住风雨。很多人看书也好，学习思维认知也好，总希望别人给他一个明确的时间表，你今天这么做，你明天就会怎么样，但其实根本不存在这样的东西。

学习认知就像是习武，师傅领进门，修行在个人，它需要资质，也需要日复一日的努力。而且最开始时永远是最枯燥的，因为那个时候你看不到自己的进步，没有反馈很难让人坚持下去，也因此淘汰了绝大多数人，最终只有那么几个人大彻大悟，修成正果。如果有人告诉你什么东西能很快见到结果，你反而应该感到警惕，因为这是不符合逻辑的。慢是一种快，快亦是一种慢，这其中的玄妙值得我们大家来仔细琢磨。

现在我已经养成了每个月捐助的习惯，具体金额就不说了，但后来我找到一个公式，是说如果你有负债，可以捐出月收入的 2%，比如你的月收入 1 万元，2% 就是 200 元；如果你没有负债，可以捐出 5%，同样以月收入 1 万元来算，就是 500 元。如果你觉得太多，可以根据自己的经济能力适当调整。不管别人怎么看，我一直觉得助人与钱的多少无关，它是一种态度，既是在帮别人，其实也是在帮你自己。

有这么一个寓言故事，是说有位农夫特别会种小麦，他的小麦品种每年都荣获大奖，而每年他都非常慷慨地将自己的小麦种子免费送给其他农夫。有人很好奇，问他为什么这么大方？难道不怕别人种出来更好的种子吗？农夫一笑，说："我帮助他们，其实也是在帮我自己。风吹着花粉四处飞散，如果邻家播种的是次等的种子，那传粉过程中，同样也会影响我的小麦质量呀。我如果要种出更好的小麦，只能让其他人也和我种得一样好。"

一位农夫所想到的，很多高学历的人却想不到。生活中的绝大部分事情都不是零和博弈，互惠双赢才是本质。从长久来看，凡是你伤害别人的，最终都会以某种形式伤害你自己；而凡是你帮助他人的，也最终会以某种形式救赎你自己。在这条漫漫的财富自由之路上，互惠共赢是非常重要的法则，将这条牢记于心，必将能帮助你走得更顺利些。

人和动物一样，要么进化，要么消亡。进化是宇宙中最强大的本能，也是唯一永恒的事情，它驱动着万事万物，而同样进化从不是一个人的事，而是群体共同努力的方向。有时候，有些地方一个人走最好，但有些时候，有些地方，必须一群人才能走到底。所以，向那些智慧的人学习吧，学会未雨绸缪，在还没有下雨的时候，为自己种下一颗种子，等待它长成一片森林！

三、运用好财富的价值，实现人生幸福

在很久以前，有一个非常有钱的财主。他是全镇最有钱的人，有很多金银财宝，也有很多文玩字画。但他并没有因为有钱而开心，反而整天都恐慌不安，时刻担心着别人来抢夺他的家产。因为内心实在过于害怕，他先把文玩字画给卖了，统统都换成金条，再把所有的金条都装在箱子里，然后趁着夜黑风高的时候，找了一个隐蔽的花园，挖了一个大坑，将箱子埋了进去。

尽管如此，这个财主他还是十分害怕，每天吃不好喝不好睡不好，总是担心别人把他的箱子偷走。于是每天晚上睡觉前，他都会偷偷跑到花园里，把箱子挖出来，将里面的金条数一遍，确认没问题后再放进去。日复一日，月复一月，终于引起了家中园丁的注意。于是趁着某天白日财主不在家，园丁将箱子挖开，同家里的伙计一起偷走平分了。

当天夜里，当财主再打开箱子时，发现箱子里的金条不见了，变成了一箱的石头，他气得号啕大哭，甚至生了一场大病，眼看要病死床榻时，来了一个远游道士。道士知道此事后，特地来到这个财主家中，说："你的金条埋在花园里，你每天不过是数一数、摸一摸，若将石头埋进箱中，你仍然可以数一数、摸一摸，有何可伤心的？"

道士的话有道理吗？对于穷人没有道理，对于财主，却有几分

道理。钱财，说到底是为人服务的，而不是人为钱财所奴役，人是财富的主人，并非财富是人的主人。财富只有得到应用，才能体现它的价值。如果只是放在那里，那金子与石头，又有什么分别呢？

俗话说，世人慌慌张张，不过图碎银几两。偏偏这碎银几两，能平息世间万种慌张。的确如此，面对疫情的黑天鹅，面对过山车似的生活，面对危机四伏的人生，不管是996、中年危机、裁员、降薪，还是车贷、房贷、生子、养老，我们的一切焦虑，总离不开钱。我想，没有人能否认，钱在我们生活中的重要性。

认识财富、拥有财富、运用财富，让财富帮助我们实现人生的幸福，这才是我们毕生的功课，也是本书的核心要义！

财富的真相

财富的真相，其实我们已经讲了很多。但在此我想再问大家一个问题，衡量财富的标准是什么？

举个例子，假如现在有两个人，A有100万的现金，B有50万的现金，并且从现在开始，他们都失去了继续赚钱的能力，那么A和B谁能更富有呢？

如果你选择A，恭喜你，仍然陷入了金钱陷阱。因为第一节时我们就说过，财富的衡量包括金钱，但永远不限于金钱。如果我再补充下细节，其实A在一线城市生活，他每年至少要花掉20万，100万也只能支持他5年生活而已；而B是小县城的一名职员，每年只用5万就够了，那么50万元可以支撑他花10年。那从这个角度来说，谁又更富有呢？

有的人赚钱虽然多，但消耗得也很快，每时每刻我们的财富都在变化，没有时间维度做支撑，财富的定义并不够完整。如果要给财富一个明确的标准，那绝对不是具体的数字金额，而是金钱所维持的生命长度。

永远有人拥有财富，但没有人永远是财富的主人。财富是流动的，今日属于我们的财富，或许明日便归于他人之手。就像那些富豪榜，很多前些年还有名的富豪，在今年已经寂寂无名，这些都说明了财富的可变性。

不知道大家还记得浙江女首富周晓光吗？2017 年时，她曾经以 330 亿元的身家在胡润富豪榜排名前 100。曾几何时，她的励志故事还被改编为电视剧《鸡毛飞上天》，一时流传甚广。然而就是这样的一代女强人，不到两年时间，其企业就向法院申请了破产，逾期未偿还债务高达 200 多亿元……还有曾经比海底捞还风光无限的连锁火锅品牌“谭鱼头”，当年员工上万，资产近百亿，线下门店遍布全国，也已在 2020 年突然关闭，其创始人先后十多次被列为“失信被执行人”。

因此，艰难走到巅峰，获取财富自由，但有时候风光只是一瞬间，一个错误的决定、一次欺骗、一场失败、一次意外……都很有可能让你多年辛苦得来的财富付诸东流，这便是财富的真相。

财富的价值

知道了财富的真相，我们便可以来学习，如何从财富的真相中去挖掘财富的价值，以此来让财富充盈我们的人生。在关于财富的真相中，我选取了两个对我个人帮助最大的，一个是降低期待值，一个是延迟满足。财富既然是短暂的，那么如果我们好好应用这两个价值，一是可以尽可能长地延长我们的财富拥有时间，二是尽可能扩大财富对于我们生活的正向价值。

降低期待值

世界有名的投资公司伯克希尔·哈撒韦公司的副主席查理·芒格，他无疑是这个世界上最聪明，也是投资最成功的人之一。在2023年股东大会的讲话上，99岁高龄的查理·芒格在应对投资者的提问时侃侃而谈，从人工智能ChatGPT再到全球通胀，从比亚迪到特斯拉、阿里巴巴等全球知名公司，从商业投资到如何提升人生幸福，他将自己近百年的人生智慧，毫不吝惜地分享给所有人。

在这其中，查理·芒格谈到了关于实现幸福生活的秘诀，我觉得值得我们所有人好好学习。在这个人人鼓吹人必须梦想远大、人必须追求成功的时代，查理·芒格却说，“幸福生活的秘诀在于降低对生活的期望值！”

他说：“你当然要尽可能努力地一步一步向上，去争取尽可能多的成就，这是成功的奥秘。但也因此有很多人陷入情绪的困境，毕竟每种成功的背后有着上千次的失败。如果你做出了一些乐观的承诺，结果却一次又一次地失败，那么别人也会因此讨厌你！我们这些小小的生命彼此相遇，人类文明对我们的要求本就不高，所以对自己和他人做出切合实际的期望！”

这一点我深有感触。降低期望其实不只是在商业投资上，让我们不要期望一次投资就带来巨大的收益，也不要妄想一夜之间能够通过什么机会实现暴富，实现财富自由。其实，降低期望可以应用在生活的方方面面。在友情的交往上，我们应该对朋友少一些期望，不要期望他们有多么优秀，也不要期望他们能够为你带来什么利益，自己不过是一个普通人，有什么资格去要求他人呢？在爱情的相处上，降低期待值同样可以带来更多的快乐。本杰明·富兰克林说过这么一句话：“结婚前一定要擦亮双眼，结婚后则要睁一只眼闭一只眼。”情侣也好，夫妻也罢，很多问题往往都是因为对对方的要求太高，而对方又无法满足你的要求，于是导致了一场场争吵，最终走向分开。除了人与人的关系外，生活的其他方面也可以应用这个法则，比如减肥，如果我们一开始不会期待一两天从一个胖子变成一道闪电，或许我们更容易坚持下去。

所以，试着从今天开始给自己建立第一个财富原则，对万事万物降低自己的期待值，看看幸福感会不会提高。

延迟满足

与“降低期望值”同样重要的是“延迟满足”，这也是我认为保持人生幸福感非常重要的秘诀之一。

查理·芒格在股东大会上谈话时，曾有人问他，什么样的特质对他帮助最大？查理·芒格的回答很简单，是理性。他说得很有意思，如果你能忍住不发疯的话，已经做得比全世界 95% 的人好了。此外，在理性的基础上，你必须要有耐心，要学会延迟满足，它们会帮助你尽可能地改善你的资源和机会。

关于延迟满足，曾经有一个社会调查，调查者分给了一批小朋友一块棉花糖，告诉他们如果忍住一个小时内不吃的话，会得到第二块棉花糖。一个小时后，有三分之二的小朋友忍不住吃了，有三分之一的小朋友忍住了，也得到了第二块棉花糖。后来他们又对这些小孩进行了跟踪调查，发现当年忍住获得第二块棉花糖的人，在成年时更容易取得成功、所取得的成就也会更大。这便是延迟满足的魅力。

我在本书开篇便说了，实现财富自由是一条人人都想做到，却只有很少人才能做到的事。为什么呢？因为它要完成太多反人性的事情，比如自律，比如坚持，比如学习，比如延迟满足。你要想实现财富自由，就注定要成为少数人，就注定要经受得住这些常人容易放弃的困难。

就像股神巴菲特，有人问他："为什么那么多人想变得有钱，但 90% 的人最后都做不到呢？"巴菲特笑着说："原因很简单，因为没有人愿意慢慢变富。"投资需要长期主义，通过长期价值来对冲风险，获得超高收益，同样，生活也需要长期主义。

就像读书，读一本书，什么都无法带给你，但读一千本书、一千个小时的书，你的认知会告诉你它在变强；就像健身，运动一天，什么效果都没有，但运动一个月、一年，你的身体会告诉你它在变强……很多人可能也知道长期主义的价值，但却无法坚持让自己成为长期主义的信徒，因为他们总是着急，希望在今天种下的种子，明天就能收获果实，希望今天少吃一碗米，明天就能变成大美女。这科学吗？不科学。

延迟满足说出来人人都知道，但重点不是你是否知道，而是你是否能够坚持。我们既然决定要冲上财富自由的顶峰，就应该要有超越常人的意志力，学会自我控制、自我管理。不被眼前的利益所诱惑，学会用理性思考，用更长远的目光去规划未来，去获取超越常人的收益！

四、让财富世代相传

任何事物都有两面性，同样，财富亦是一把双刃剑。当我们通过自己的努力终于实现财富自由，本以为会解放自己的下一代，让他们拥有更高的理想，实现更好的自我，却未承想只有财富没有传承，财富反而成了吞噬他们的毒药。从前几年海南三亚所盛行的奢华派对“海天盛筵”，到新闻上层出不穷的富二代醉酒飙车事件，让大众对于有钱人家的孩子打上了吃喝玩乐的花花公子标签。虽然这种看法以偏概全、有失公允，但在某种情况下亦体现了金钱对于家族后代的不当影响。

我们前面说过，金钱就像一把刀，它本身并无善恶之分，一切皆取决于用它的人。也因此，在早已实现财富自由的富豪们心中，如何让财富世代相传成了更重要的一个问题。前一段时间，68 岁的碧桂园集团创始人杨国强宣布全面退休，他的女儿杨惠妍则正式上任接手碧桂园的全部工作，成为名副其实的二代接班人。

对于杨国强，他选择在女儿很小的时候，就带着她参加公司各种的董事会，让她从小了解公司运转的逻辑、资金应用的情况、公司业务的发展等等，不仅是金钱上的富养，更是从小在她心中种下金钱的种子。钱不是从父亲的口袋中变出来的，不是取之不尽用之不竭的，而是通过公司这个机器的运转，通过各种生产资料的排列组合所赚取的。

对于普通的人来说，该如何对孩子进行财富教育呢？

不要忌讳和孩子谈钱

很多人对孩子的教育，一般都是琴棋书画、马术游泳、字画艺术、汽车球鞋、户外运动等，都是从父母的爱好出发所衍生出来的言传身教，很少有人会直接对孩子进行金钱教育，更不可能和孩子谈钱。好像一旦和孩子谈了钱，自己就变得特别俗，孩子也变得特别俗了一样。但这样本身就是对金钱有偏见，如果身为父母都这样，如何让孩子对钱养成健康的认知呢？

当然这个问题，不仅是在我们国内这样，在国外同样也是如此。国外一家有名的私人财富管理公司梅林曾经对美国 650 个家庭做了一项调查，研究表明在拥有至少 300 万美元可投资资产的美国家庭中，有三分之二的人从未或者永远不会和自己的孩子谈论自己的财富。这其中的原因也很多样：一部分家长认为，自己当初也没有人教，但不也照样学会了，自己的孩子最终肯定也能正确认识金钱；一部分家长则认为，孩子还小呢，还不应该去了解金钱这种东西的存在，他们现在应该好好学习、好好享受无忧无虑的青春时光；再剩下的家长，不是工作实在太忙，根本没空和孩子交流，要不就是有时间，但不知道如何和孩子聊，索性不聊了；再还有一部分家长，认为家里很有钱这种事不应该告诉孩子，应该让他从小接触普通人，有助于锻炼他的心性。

那份研究报告最终还揭示了一种家长，这部分家长他们有能力，也意识到了金钱教育的重要性，却选择不教给孩子。因为在他们潜意识中，想通过金钱来操控孩子。如果孩子很早就对金钱有了正确的理解，也意味着他更可能建立自己的独立人格，拥有自己的独立想法，也意味着对父母的反叛。而这部分控制欲强的家长，便选择了在一开始便切断这种可能性。

我在读到这里的时候，还是蛮惊讶的，但仔细一想，我身边倒多的是这样的家长。他们最常挂在嘴边的话是，“我这都是为了你好”，在这种“凡事都是为你好”的大旗之下，父母不断对孩子施加自己的影响，其中便包括对于金钱的控制。但其实，这种蛮横的控制只会潜移默化地影响自己的孩子，他们在未成年时姑且忍受，一旦长大后则会变得十分叛逆，走向与父母所期望的相反的方向。

我身边有一个朋友，家境其实非常不错，从小就去了国外读书，一路读到博士，回国后又成了名校教授，按理说是非常风光的。但他和父母的关系十分糟糕，在他读博时，父母非要强制他回国，甚至不惜以断绝金钱往来为要挟，他其实是个很温和的人，那次应该是他第一次反抗父母，因为那是他非常喜欢的导师，也是他非常喜欢的方向，后来他就和父母断绝了金钱关系，甚至毕业后他还在向父母偿还自己的学费。其实他父母就他一个孩子，说句实在话，那些钱最终也会给他，但他父母就是死活要他回去。

所以，其实对于孩子的金钱教育，某种程度上是更健康的自我教育。因为在这个社会上生存，最离不开的便是金钱。金钱既然是生存的基本，在孩子小的时候就告诉他这个事实有什么关系呢？只有大人心中对金钱存有偏见，才会让孩子也对金钱产生不正的想法，让孩子在未来很难建立健康的金钱观念。

避开这些错误的金钱教育

作为父母对于孩子的期望，也就是希望他健健康康、衣食无忧。所以，从小培养孩子的财商，让孩子学会赚钱、管钱、生钱，很大程度上他这辈子就不会过得太差。毕竟钱不能解决所有的烦恼，但能解决 90% 的烦恼，剩下的 10% 也可以因为钱变得没那么烦。

我曾经也和很多家长一样，觉得财商教育没必要，谈钱会变得市侩，不希望孩子过早被社会所污染。但后来随着年纪增长，我觉得并不是那么一回事，金钱之于孩子，就像淤泥之于莲花，莲花能出淤泥而不染，并不是因为它逃避淤泥，而是因为它的根在泥中扎得结实。同样，孩子对金钱了解得越透彻，反而越不容易受它影响。

在对孩子进行金钱教育时，切记避免这几条常见却错误的金钱教育方法：

1. 千万不要在孩子面前哭穷

很多家长总认为哭穷会让孩子更懂金钱来之不易，变得更加节俭，但其实这是我们成年人一厢情愿的想法罢了。在孩子面前哭穷，能不能让他节俭效果未知，但更有可能让他养成自卑的心理，在买东西或者考虑事情时，变得畏首畏尾。我本人就是这种教育的受害者，我的父母非常喜欢在我面前哭穷，这导致我现在思考任何事情前，第一条永远是我有没有钱、我能不能去做，这或许很务实，但也很大程度限制了我的想法。如果你常读成功人士的传记，你应该知道所有成功者都有一个共同点，那就是他们够大胆，先敢想再敢做。如果你的孩子连想都不敢想，未来又何谈做呢？

更何况，哭穷教育还有一个负面影响，就是会产生反作用，让孩子对金钱更加渴望。这种渴望一旦在小时候养成，长大就很难改变，甚至会染上消费瘾。

2. 千万不要过度满足孩子的需求

这条与上条哭穷相反，有的家长可能是自己小时候穷惯了，对自己的孩子则采取宽容溺爱的方式。不管自己的能力如何，只要孩子喜欢的、想要的，就要千方百计满足他们的需求。凡事要讲究适度，这种过度满足孩子的诉求，反而会让孩子养成自大、傲慢、热衷挥霍的性格。在他们看来，凡是这个世界上存在的好东西，都应该属于他们。如果不属于他们，那便是父母无能，或者是这个世界出了问题，很容易产生报复社会等负面的心理影响。所以，家长千万不要因为爱而过度宠溺孩子，切记，凡事要讲究度的平衡。

3. 在通过劳动交换零花钱时，要正确引导

现在在很多家长的财富教育中，通过做家务、洗碗、洗衣服等劳动来换取零花钱的方式越来越流行。我一开始也觉得这样的想法很好，但直到我去年去了一个朋友的家里。他们家小孩平常就是通过打扫卫生来赚钱的，但是非常有意思的是，他们家小孩会故意把地上弄脏，然后再去打扫，以获取金钱。我那天在他们家只待了两三个小时，他们家地上洒了两杯果汁、倒了一壶茶水，每次孩子都特别积极地打扫，他妈妈还非常高兴，不停跟我夸赞。但我其实看见了，都是孩子自己搞的……

或许这种小心思在当下都是小事，但难免长大后不会有负面影响。这种过度强调通过劳动来换取金钱的手段，或许也会让孩子变得很功利，让自己和父母的关系变成一种利益交换的方式，就好像妈妈给他零花钱不是因为爱他，而是因为他的劳动，这是理所应当的一种方式。当然，这只是我的一个小小的观察，借以提醒家长。

其实，财富的传承，不仅是把金钱传承下来，更重要的是培养守护财富的能力。而这种能力，是需要父母们对孩子从小进行培养的。不要逃避自己的责任，也不要过于担心孩子的接受能力，坦诚地和他们进行交流，我想他们一定能像莲花一样，从淤泥中开出清香的花。